【现代乡村社会治理系列】

农村改厕和生活污水治理模式与技术

主　　编　巫厚长
副 主 编　王华斌　钟耀华　张　震
编写人员　徐生造　王　振　田　彤　申玉霞
陈　宇　熊德伟　吴红淼　郑天宇
钱琪卉　于元超　平腊梅　李龙雪

时代出版传媒股份有限公司
安徽科学技术出版社

图书在版编目(CIP)数据

农村改厕和生活污水治理模式与技术 / 巫厚长主编. --合肥:安徽科学技术出版社,2023.12
助力乡村振兴出版计划.现代乡村社会治理系列
ISBN 978-7-5337-8844-5

Ⅰ.①农… Ⅱ.①巫… Ⅲ.①农村-公共厕所-改建项目-研究-中国②农村-生活污水-污水处理-研究-中国 Ⅳ.①TU241.4②X703

中国国家版本馆 CIP 数据核字(2023)第 211430 号

农村改厕和生活污水治理模式与技术 主编 巫厚长

出 版 人:王筱文 选题策划:丁凌云 蒋贤骏 余登兵 责任编辑:李梦婷
责任校对:李 茜 责任印制:廖小青 装帧设计:武 迪
出版发行:安徽科学技术出版社 http://www.ahstp.net
(合肥市政务文化新区翡翠路 1118 号出版传媒广场,邮编:230071)
电话:(0551)63533330
印 制:合肥华云印务有限责任公司 电话:(0551)63418899
(如发现印装质量问题,影响阅读,请与印刷厂商联系调换)

开本:720×1010 1/16 印张:8.75 字数:130 千
版次:2023 年 12 月第 1 版 印次:2023 年 12 月第 1 次印刷

ISBN 978-7-5337-8844-5 定价:32.00 元

【现代乡村社会治理系列】

［本系列主要由安徽农业大学、安徽省委党校（安徽行政学院）组织编写］

总主编：马传喜

副总主编：王华君　孙　超　张　超

出版说明

"助力乡村振兴出版计划"(以下简称"本计划")以习近平新时代中国特色社会主义思想为指导,是在全国脱贫攻坚目标任务完成并向全面推进乡村振兴转进的重要历史时刻,由中共安徽省委宣传部主持实施的一项重点出版项目。

本计划以服务乡村振兴事业为出版定位,围绕乡村产业振兴、人才振兴、文化振兴、生态振兴和组织振兴展开,由"现代种植业实用技术""现代养殖业实用技术""新型农民职业技能提升""现代农业科技与管理""现代乡村社会治理"五个子系列组成,主要内容涵盖特色养殖业和疾病防控技术、特色种植业及病虫害绿色防控技术、集体经济发展、休闲农业和乡村旅游融合发展、新型农业经营主体培育、农村环境生态化治理、农村基层党建等。选题组织力求满足乡村振兴实务需求,编写内容努力做到通俗易懂。

本计划的呈现形式是以图书为主的融媒体出版物。图书的主要读者对象是新型农民、县乡村基层干部、"三农"工作者。为扩大传播面、提高传播效率,与图书出版同步,配套制作了部分精品音视频,在每册图书封底放置二维码,供扫码使用,以适应广大农民朋友的移动阅读需求。

本计划的编写和出版,代表了当前农业科研成果转化和普及的新进展,凝聚了乡村社会治理研究者和实务者的集体智慧,在此谨向有关单位和个人致以衷心的感谢!

虽然我们始终秉持高水平策划、高质量编写的精品出版理念,但因水平所限仍会有诸多不足和错漏之处,敬请广大读者提出宝贵意见和建议,以便修订再版时改正。

本册编写说明

随着农村经济的发展，我国农村生活污水排放量呈现逐年增长的趋势。据统计，2022年我国农村地区的污水排放量达337.1亿吨，主要包括农村生活污水和农业生产废水。由此可见，农村生活污水已成为农村污水的重要组成部分，同时也是造成农村面源污染的重要因素。如任由农村生活污水随意排放，则会对农村水环境产生严重威胁，加重农村面源污染程度。鉴于此，加大农村改厕与生活污水的处理力度，优化农村改厕与生活污水统筹治理模式，是改善农村水环境的必然要求，也是做好农村人居环境综合整治工作的重要举措，有助于推动生态文明建设进程。

在乡村振兴战略背景下，中共中央办公厅、国务院办公厅自2018年以来相继印发了《农村人居环境整治三年行动方案》与《农村人居环境整治提升五年行动方案(2021—2025年)》，上述文件均将农村改厕与生活污水治理作为农村人居环境整治的重要工作内容。近年来，国内积极推进农村改厕与生活污水统筹治理工作，建成了大量的水冲卫生户厕及生活污水处理设施，取得了良好的环境效益和社会效益。但受技术性因素和管理性因素的影响，部分设施的实际运行与管理现状不容乐观。未来一段时间内，全国各地对农村改厕与生活污水统筹治理模式的需求，以及对已有处理设施的提升改造和优化管理的需求会愈发凸显。

为科学有序地开展后续相关工作，对当前的农村改厕与生活污水统筹治理技术进行现状分析和总结意义重大，此项工作不仅可以对当前农村改厕与生活污水统筹治理模式及管理现状进行诊断，亦有助于新的治理模式的构建及治理技术的研发，可协助指导地方政府科学决策、有序部署，加快美丽乡村建设的步伐。

目　录

第一章 农村生活污水概述

第一节 农村生活污水的组成及其水质、水量特征

一 农村生活污水的组成

农村生活污水是指农村居民在农村地区住所进行冲厕、炊事、洗涤、洗浴等生活活动产生的污水,可分为黑水与灰水两大类。其中,黑水指居民冲厕污水,灰水则来源于居民洗涤、洗浴及炊事等活动。

1.炊事污水

炊事污水主要包括淘米、洗菜、洗碗、刷锅等产生的厨房污水。淘米水中含有米糠及淀粉、维生素、蛋白质等有机物,洗菜水中含有菜屑等漂浮物,肉类食物的清洗水中含有大量的动物油脂。随着农村居民生活水平的提高,肉类食物及油类的使用量日趋增加,使农村生活污水中的油脂含量有所增加。

2.洗涤污水

洗涤污水主要指浣洗衣物、拖地等产生的污水。目前,全国仍有相当一部分农村居民在浣洗衣物时主要使用肥皂和洗衣粉,较少使用洗衣液。部分洗衣粉中含有氮、磷等元素,会导致水体富营养化。为了减少水质污染,市场上含阴离子表面活性剂的洗衣粉逐渐取代了含氮、磷的洗衣粉,阴离子表面活性剂较易分解,简化了生活污水的处理过程。

3. 洗浴污水

洗浴污水主要指洗漱和洗澡用水，其中含有人体皮肤分泌物、毛发、合成洗涤剂等污染物。一般而言，洗浴污水的浊度较高，并含有一定浓度的有机物。

4. 冲厕污水

全国大部分农村地区经过改水改厕后开始使用抽水马桶。其中，厕所粪污可通过化粪池进行无害化、减量化和资源化处理，化粪池出水含有较高浓度的氮、磷及有机物等物质。

由上文可知，农村生活污水具有成分相对简单、有机物与氮磷浓度较高、不含重金属等有毒有害物质、良好的可生化性等特点。

二 农村生活污水的水量、水质特征

1. 农村生活污水水量

农村生活污水产生量取决于农村居民生活实际用水量，而农村居民生活用水量直接受生活条件状况（给排水系统、卫浴器具完善程度等）、生活习惯、气候等因素影响。在确定用水量时，可以参照表1–1，并在调查分析当地居民的用水现状、经济条件、用水习惯、发展潜力等情况的基础上酌情取值和确定。

表1–1　农村居民生活用水量参考值和排放系数

村庄类型	用水量［L/(人·d)］
经济条件好，户内给排水设施齐全且有淋浴设备	100~140
经济条件较好，户内给排水设施较齐全	80~100
经济条件一般，户内给排水设施简单	40~80

注：1. 各地可根据村庄类型在相应范围内确定用水定额。水资源丰富的地区取高值，反之取低值。
2. 农村居民生活污水排放系数取生活用水量的40%~80%。其中，厕所污水（黑水）和生活杂排水（灰水）统一收集的地区取60%~80%，仅收集生活杂排水（灰水）的地区取40%~60%。管网建设完善的地区取高值，反之取低值。

2.农村生活污水水质

农村生活污水水质宜根据实际调查情况确定，如果缺乏实测数据，则可参考同地域、同类型村庄的生活污水水质资料，也可参照表1–2进行适当取值。污水收集系统完善的地区可取高值，反之取低值。

表1–2　农村生活污水水质参考值（单位：mg/L）

主要指标		化学需氧量（COD）	五日生化需氧量（BOD_5）	氨氮（NH_4^+–N）	总氮（TN）	总磷（TP）	悬浮固体（SS）
建议取值范围	收集黑水和灰水	100~300	50~200	20~60	20~70	2.0~6.0	100~200
	仅收集灰水	50~225	25~150	10~45	10~50	1.0~4.5	50~150

3.农村生活污水的水量、水质特征

在国内大部分地区，农村生活污水没有固定的排污口，排放较为分散且随意，污水的水量、水质也与城市污水存在较大差异。总结可知，农村生活污水水量及水质通常具有以下特征。

（1）水量、水质变化大

农村生活污水的排放量和水质与农村村民的居住区域、经济水平、生活习惯、季节等因素有关。农村生活污水的排放一般在早上、中午和晚上各有一个高峰期，其他时间段污水排放量少，甚至发生断流，即一天之中水量变化较大；经济水平较高的地区，农村居民家中通常配备有洗衣机、太阳能热水器、冲水马桶等，该地区的用水量、污水排放量会大大增加；夏季用水量和污水排放量较冬季高，但污水水质条件较冬季稍好；同一地区的村民因生活习惯、经济条件的不同，炊事污水水质差异较大，洗涤污水水质较为接近。

（2）周期性变化

在其他因素不变的条件下，同一季节的农村生活污水日排水量基本稳定，水质基本不变。随着季节的更替，生活污水的水量和水质呈现周期性变化特征。

第二节　农村生活污水的排放与收集

一 农村生活污水排放特征及途径

目前,我国农村生态环境保护措施仍不完善。由于没有基本的污水收集管网,部分农村生活污水处于随意排放状态,多依靠重力汇流进入附近池塘、沟渠等水体,对村庄周边生态环境造成了一定污染。

总体而言,农村生活污水排放具有以下几点特征。

第一,农村生活污水排放区域范围广,遍布各家各户。由于地形条件的不同,绝大多数污水排放区域以单个村落为一个集中区,整体分布较为分散,而且多数不具备完善的污水收集系统及配套的污水处理设施。村民大多以一家一户为一个收集单位,以明渠或者暗管的形式排放生活污水至附近水体或化粪池。

第二,农村污水排放量小但日变化系数大。由于农村村民日用水量较城市低,污水排放量也相对较小。一天中农村用水高峰期主要在早、中、晚时段,其余时间用水量很小,所以农村污水排放量日变化系数大。

第三,农村生活污水容易被处理。农村生活污水主要含油脂类物质、悬浮物、氮磷营养盐等,成分相对简单且污染物浓度相对较低,可生化性较佳,故可通过生化或生态工艺进行处理,出水可回用(如用于农田灌溉)。

二 农村生活污水收集模式

目前,农村生活污水收集主要有三种模式,分别为集中收集模式、分散收集模式与就近接入城市管网模式。

1.集中收集模式

集中收集模式是指将单村或者联村污水管道连接,构成一个完整的污水管网收集系统，农村生活污水通过污水收集管网进入污水处理站，然后进行集中处理回用。集中收集模式的系统较为完善且运行可靠，但是基础建设成本高、投资大，一般适用于村庄布局密集、人口密度大、经济条件良好的单村或联村。目前，新农村建设下的村庄房屋规整、人口密集、城镇化水平较高，可以考虑使用集中收集模式收集农村生活污水。

2.分散收集模式

分散收集模式是根据村庄的分布情况、地形特征等条件，将村庄划分为不同区域，分区收集、处理生活污水。该模式适用于布局分散、规模较小、地形条件复杂、污水不易集中收集的村庄。我国山区、丘陵区地势起伏较大，村民居住分散，将污水收集到一起进行集中处理的难度很大，而且造价很高，这对经济水平相对落后的农村来说很难实施，对此可采用分散收集模式来解决农村污水收集及处理问题。

3.就近接入城市管网模式

村庄附近已建有城市污水管网的农村，可以将村内生活污水经污水排水管道集中收集后，统一接入城市污水管网，利用城镇污水处理厂进行统一处理。该模式基建投资小、管理方便，但对村庄的地形条件及经济水平有一定的要求。因此，只有具备相应外部条件并有一定经济实力的村庄，才可以采用就近接入城市管网模式。

三 农村生活污水收集影响因素

1.人口密度

村庄人口密度是指村庄总人口与村庄占地面积的比例关系。当村庄人口密度较大、邻近村庄分布较为密集时，在经济条件较好的情况下，可以考虑利用污水管道将村民产生的生活污水集中收集起来，建立一定规模的污水处理设施或者就近接入城镇污水处理厂的污水管网进行统一处理。当村庄人口密度较小、邻近村庄分布比较分散时，可以配备分散式甚至庭院式污水处理设施来处理农村生活污水。

2. 温度和降雨量

温度对收集系统的影响主要表现在生态处理系统中其对植物的影响，大多数非生态污水处理系统都能够在较低的气温下正常运行，但对于人工湿地、土壤渗滤等依赖植物的处理模式，则需要根据当地气温情况选择适宜的植物种类，避免因气温变化导致植物冻死，从而实现污水不间断处理。同时，降雨量的多少对农村生活污水的收集和处理方式也有重大影响。随着“村村通”政策的实行，现在大多数村庄都是水泥或沥青路面，阻止了雨水下渗，因此在设计污水收集方式时，需要根据当地的路面情况确定雨水与污水是采用合流制还是分流制。

一般情况下，在污染较轻、降雨量较大的地区，可以采用分流制，直接将雨水排入附近水体或者回用于农田，这样既可以减小污水管道管径，又可以降低工程整体造价；在污染较为严重的地区，雨水不宜直接排放，建议采用合流制，将雨水与污水一同排入污水处理系统进行处理及回用。

3. 地形地势

在地势平坦的平原地区，不宜采用污水重力收集系统，可采用真空排水系统或者压力排水系统，这两种收集系统不需要较大的坡度阶梯，工程造价低，运用于平原区较为合理；在山区、丘陵地区，地面地势高低不平、起伏大，宜优先采用污水重力收集系统，管道、沟渠可跟随地面坡度铺设，这样既能节约管材，又能保证管道内水流速度。

4. 生态敏感区

生态敏感区是指饮用水水源地、重要湿地和水库保护区等。生态敏感区是环境保护的首要对象，其对全球气候具有不可估量的调节作用。所以，必须收集该地区的全部生活污水，并利用净化效能佳且高效的污水处理系统对其进行处理，减少农村生活污水对该区域水环境的影响。

5. 经济发展水平

在经济发展较好、村民收入较高的地区，村民对村庄的环境要求也相对较高。在经济发展水平较高而水资源较贫乏的农村地区，可以采用源分离技术，使用新型便器将粪便和尿液分开收集并单独处理，从而实现水资源的循环利用。在旅游资源较丰富的农村，村庄中的饭店数量较多，该地区污水中的油脂含量较高，在污水收集和处理过程中需要考虑油脂对污水管道和处理系统的影响。

6.风俗习惯

南北方生活习惯差异较大。北方地区气候干燥寒冷，村民洗衣洗澡的频率较低，用水量较小；南方地区气候炎热潮湿，村民洗衣洗澡的频率高，用水量相对较大。因此，在设计污水收集管网和污水处理设备时，需要考虑南北方用水量的差异及各个地方的村民生活作息规律。

四 农村生活污水收集设备

1.管材

目前市场上销售的排水管管材分为传统管材和新型管材。传统管材包括素混凝土管、钢筋混凝土管(图1-1)和预应力钢筋混凝土管；新型管材包括硬质聚氯乙烯(UPVC)管、聚乙烯(PE)管、玻璃钢夹砂管。

图1-1　钢筋混凝土管

从结构形式上分，管材还可分为有实壁管和结构管，其中，实壁管包括以UPVC为主材的径向加筋塑料管(图1-2)，而结构管则包括以PE为主材的双壁波纹管(图1-3)、缠绕结构管和钢筋复合螺旋管等。

图1-2　UPVC加筋塑料管

图1-3　双壁波纹管

由于UPVC加筋塑料管属柔性管道，具有质量轻、运输与安装方便、开挖土方工程量小、耐腐蚀、不易渗漏、内壁光滑、不易淤堵、价格较混凝土预制管低等优点，在施工中优先选择。

选用塑料制管施工时，为确保管道抗压能力，管四周可用统砂或瓜子片回填，不得用块石等回填。选用水泥预制管时，必须要铺设混凝土垫层，管接口用细石混凝土环包，以防漏水。路面下的管道，其管上部需埋入土深0.5 m以下，特殊的路段需有加固保护措施。管道铺设完工后，需做闭水试验。

2.窨井

窨井，即检查井，是整个污水收集管网的重要组成部分，主要由窨井底、墙体和窨井盖组成（图1-4）。其主要作用有两个：一是收集污水，农户排放的生活污水首先通过污水支管直接排入窨井内，再通过窨井底部的污水主管输送至污水处理设施内；二是便于日常检查和维护，在日常运行过程中可通过窨井了解整个污水管道的内部具体情况，如管道堵塞时，可通过窨井进行疏通。

图1-4　窨井

在管道转折处、交会处、接口变更处必须设置窨井，要求直线管道上每隔20 m左右（一般情况不要超过30 m）设置一个窨井，以便污水管道堵塞时进行检查及垃圾清理。

窨井在早期项目实施中多采用平底沉沙井，污水中的粪便、剩菜剩饭等有机物易淤积于井底，致使窨井变成了小型化粪池，粪便等有机物滞留发酵，臭气通过管道反冒至室内，形成二次污染，影响农户生活。若在污水窨井底部设置流槽，即将污水窨井底部做成与管底相近的“U”形槽形状，使污水管与污水窨井底部光滑平接，即标高与管内底一致，能有效防止污水中的粪便、剩菜剩饭等有机物淤积堵塞，产生臭气。同时，在接入农户室内的管道上安装一个存水弯头，就能彻底解决臭气通过管道反冒至农户室内的二次污染问题。该举措简便易行，而且造价低，一个存水弯头的价格仅为3~5元。

为防止窨井因地质沉降而造成破损，在砌筑窨井墙体前，必须对基底进行平整夯实或加固处理，通常采用钢筋混凝土打底处理。待底部坚实后，再砌筑墙体。墙体基本上用砖块堆砌，由于砖块与砖块之间的水平缝隙不易被水泥砂浆充实，容易造成墙体渗漏，因此砌筑窨井应做到横平竖直，窨井内、外砖砌体部分必须进行粉刷，确保窨井不渗漏，防止水从外部渗入污水管网内。

窨井通常与地面平齐，需要一个盖子来盖住窨井，即窨井盖。早期许多污水管网工程使用自制的混凝土预制窨井盖，其形状不规则、笨重、提拉环易坏、不易开启。之后，有些工程施工队采用复合材料塑料窨井盖，该窨井盖易老化、破损率高。现在某些地区的农村生活污水治理项目采用高强度钢纤维混凝土窨井盖（图1–5），其强度高、易开启，且造价只有相同型号铸铁窨井盖价格的四分之一，十分适合农村使用。在选择污水窨井盖时，注意不能将雨水窨井盖代替污水窨井盖使用，以防臭气从雨水窨井盖上部的预留口中跑出。

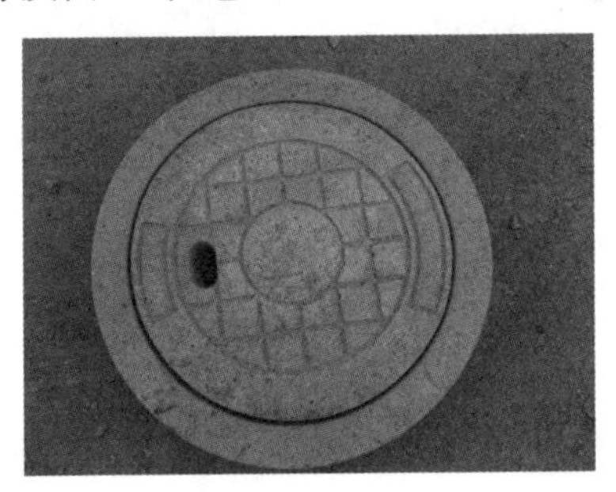

图1–5　高强度钢纤维混凝土窨井盖

第二章 农村改厕模式与技术

第一节　农村改厕的意义与历程

农村生活污水包括黑水与灰水两大类。其中，黑水为居民冲厕污水，此类废水只有经粪污无害化处理后才能进行后续处理。如今，农村“厕所革命”（农村改厕）已成为农村水环境整治的重要一环。

一 “厕所革命”的意义

小厕所，大民生。厕所卫生是衡量一个国家和地区文明程度的标志之一，体现着人的尊严和基本权利。农村“厕所革命”关系亿万农民群众的生活品质，是乡村振兴战略的一项重要工作。开展农村“厕所革命”，可以改善农村人居环境，提高农民生活质量。

另外，“厕所革命”是控制肠道传染病的有效措施。根据世界卫生组织和联合国儿童基金会的数据，腹泻病是五岁以下儿童的第二大死亡原因。通过建造卫生厕所，防止粪便污染水源和环境，可以有效控制肠道传染病的发生和流行。

二 中国农村改厕历程

我国农村改厕始于中华人民共和国成立初期的粪便管理，后来经历了20世纪80年代的初级卫生保健、90年代的卫生城市与卫生村镇创建，到如今“厕所革命”的全面开展，其与国家社会经济的整体发展密切相关，同时也是对联合国《2030年可持续发展议程》的响应与落实。

1. 初期的“除四害”与“两管五改”

中华人民共和国成立初期，农村环境普遍不清洁、不整齐，街道、庭院杂乱不堪，不少地区人畜混居，畜粪多堆在院内，“人无厕、畜无圈”的现象极为普遍。农村中水井无盖且周围存在脏水坑、便所、粪堆等污染源，以致井水受到污染。痢疾、伤寒等肠道传染病高发，蛔虫病更为普遍，儿童肠道疾病患病率超过70%。1956年1月，中共中央政治局提出的《一九五六年到一九六七年全国农业发展纲要（草案）》中提到“要消灭老鼠、麻雀、苍蝇、蚊子”。全国由此开展了大规模的“除四害”运动，环境卫生、庭院卫生和个人卫生得到很大改善。

做好粪便、垃圾、污水的管理和利用，特别是做好人畜粪便的管理和利用，是除害灭病的重要措施。随着爱国卫生运动的开展，“两管五改”逐步推行，“两管”即管水、管粪，“五改”即改厨房、改水井、改厕所、改畜圈和改善卫生环境。“两管五改”的工作理念、内容、方法、模式对中国乃至世界都产生了深远影响。

2. 20世纪七八十年代卫生厕所的发展

20世纪七八十年代，农业生产中化肥的使用量大幅增加，粪便作为肥源的重要性下降，很多地方任其污染水源、土壤等。国际社会对不安全的供水、不卫生的厕所和未妥善处理的粪便给人们健康带来的威胁也越来越重视。1980年，联合国第35届大会作出决定，从1981年至1990年发起一场为期10年的“国际饮水供应和环境卫生”活动，以解决全世界一半以上人口的安全饮水和环境卫生设施问题。我国政府对此表示赞同和支持，并由全国爱国卫生运动委员会（以下简称“全国爱卫会”）负责开展相关活动，争取了联合国有关组织及欧洲经济共同体等的支持，引入了先进的改厕理念，在国内进行了有益探索。

20世纪80年代，河南省虞城县卫生防疫站研制出了双瓮漏斗式厕所（图2-1），设施相对卫生且具有粪便无害化处理功能，在当地受到农民欢迎。与此同时，在南方地区出现了两格式、三格式厕所。经过不断发展和完善，卫生厕所的概念逐步确立。

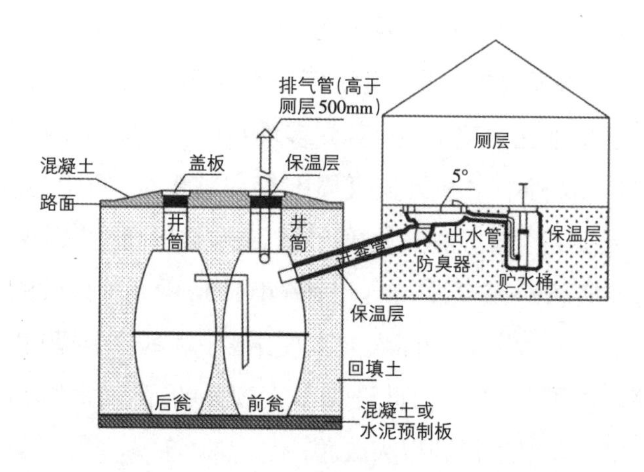

图2-1　双瓮漏斗式厕所构型示意图

3.20世纪90年代农村改厕全面推行

1993年9月，河南省濮阳市召开的第一次全国改厕经验交流会介绍了全国农村改厕的先进经验，促进了卫生厕所知识的普及，推动了卫生厕所在全国的建设。1997年发布的《中共中央、国务院关于卫生改革与发展的决定》指出，“爱国卫生运动是我国发动群众参与卫生工作的一种好形式……在农村继续以改水改厕为重点，带动环境卫生的整治，预防和减少疾病发生，促进文明村镇建设。”党中央、国务院的高度重视对推动农村改厕起到了关键作用。

国际组织参与中国改厕始于“国际饮水供应和环境卫生”活动，联合国开发计划署(UNDP)首次将通风改良式厕所引入中国，并在新疆、甘肃和内蒙古等地试点。“世界银行贷款农村供水与环境卫生项目”将改厕和个人卫生教育与改水结合，示范推动改水、改厕、健康教育“三位一体”的模式，提出了“以改水为龙头，以健康教育为先导，带动农村改厕工作的开展”的理念，其经验在国际上广为传播。联合国儿童基金会从20世纪90年代初配合中国政府的“五年计划”，开展了促进水和环境卫生的持续合作，合作范围包括农村社区、学校和卫生服务机构，为中国农村改水改厕工作带来了新方法、新技术、新模式及拓展项目。

4.21世纪改厕被纳入国家发展规划

2000年发布的《联合国千年宣言》确立了千年发展目标，其目标之一是“到2015年，使没有获得安全饮水和基本环境卫生设施（厕所）的人口比例减半”，中国政府对此做出了庄严承诺。2002年颁布的《中国农村初级卫生保健发展纲要（2001—2010年）》提出，到2010年，我国东、中、西部地区的卫生厕所普及率分别达到65%、55%和35%。

2004—2008年，全国爱卫会办公室组织实施了中央转移支付农村改厕项目，4年连续投入近13亿元中央补助资金，支持了近440万户家庭进行无害化厕所建设，其中2006年集中在血吸虫病流行的7个省份，重点对血吸虫病流行的村实施卫生厕所全覆盖。中央财政资金主要用于地下粪便无害化处理设施的建设，保证厕所排出废物的安全性。这不仅体现了政府对农村环境问题的关注，更是从公共卫生的角度重视和解决农民的健康问题。

2009—2014年实施的国家重大公共卫生服务农村改厕项目，将改厕作为实现基本公共卫生服务均等化目标的重要内容，中央财政共投入70.7亿元，重点支持中西部地区的农村改厕，缩小了中西部地区与东部地区卫生厕所普及率的差距。

2015年7月，习近平总书记在吉林省延边朝鲜族自治州调研时指出，随着农业现代化步伐的加快，新农村建设也要不断推进，要来一场“厕所革命”，让农村群众用上卫生的厕所。在习近平总书记的倡导下，“厕所革命”在全国各地普遍开展起来。

2018年1月，中共中央办公厅、国务院办公厅印发《农村人居环境整治三年行动方案》，将推进“厕所革命”作为农村人居环境整治的主要任务之一。为迅速改变农村地区基础设施薄弱、农村卫生厕所普及率较低的现状，2019年1月，中央农村工作领导小组办公室等8部门联合印发了《关于推进农村“厕所革命”专项行动的指导意见》，指导各地有力有序扎实推进农村“厕所革命”。

三 规划与策略

1.规划目标

2018年中共中央办公厅、国务院办公厅印发的《农村人居环境整治三年行动方案》提出以下行动目标：

到2020年，实现农村人居环境明显改善，村庄环境基本干净整洁有序，村民环境与健康意识普遍增强。东部地区、中西部城市近郊区等有基础、有条件的地区，人居环境质量全面提升，基本实现农村生活垃圾处置体系全覆盖，基本完成农村户用厕所无害化改造，厕所粪污基本得到处理或资源化利用，农村生活污水治理率明显提高，村容村貌显著提升，管护长效机制初步建立。中西部有较好基础、基本具备条件的地区，人居环境质量较大提升，力争实现90%左右的村庄生活垃圾得到治理，力争卫生厕所普及率达到85%左右，生活污水乱排放得到管控。地处偏远、经济欠发达等地区，在优先保障农民基本生活条件基础上，实现人居环境干净整洁的基本要求。

2.实施策略

2019年1月，由中央农村工作领导小组办公室牵头，与农业农村部、国家卫生健康委、住房城乡建设部、文化和旅游部、国家发展改革委、财政部、环境部联合印发《关于推进农村"厕所革命"专项行动的指导意见》，明确提出了思路目标、实施原则、重点任务及保障措施。

(1)思路目标

按照"有序推进、整体提升、建管并重、长效运行"的基本思路，先试点示范、后面上推广、再整体提升。推动农村厕所建设标准化、管理规范化、运维市场化、监督社会化，引导农民群众养成良好如厕和卫生习惯，切实增强农民群众的获得感和幸福感。

到2022年，东部地区、中西部城市近郊区厕所粪污得到有效处理或资源化利用，管护长效机制普遍建立。地处偏远、经济欠发达等其他地区，卫生厕所普及率显著提升，厕所粪污无害化处理或资源化利用率逐步提高,管护长效机制初步建立。

(2)基本原则

①政府引导、农民主体。党委政府重点抓好规划编制、标准制定、示范引导等,不能大包大揽,把群众认同、群众参与、群众满意作为基本要求。

②规划先行、统筹推进。先搞规划、后搞建设,先建机制、后建工程,合理布局、科学设计,以户用厕所改造为主,统筹衔接污水处理设施,协调推进农村公共厕所和旅游厕所建设,与乡村产业振兴、农民危房改造、村容村貌提升、公共服务体系建设等一体化推进。

③因地制宜、分类施策。合理制定改厕目标任务和推进方案。选择适宜的改厕模式,不搞一刀切,不搞层层加码,杜绝"形象工程"。

④有力有序、务实高效。强化政治意识,明确工作责任,细化进度目标,确保如期完成三年农村改厕任务。

(3)重点任务

①明确任务要求,全面摸清底数。以县域为单位摸清农村户用厕所、公共厕所、旅游厕所的数量、布点,模式等信息,及时跟踪农民群众对厕所建设改造的新认识、新需求。

②科学编制改厕方案。因地制宜逐乡(或逐村)论证编制农村厕所革命专项实施方案,明确年度任务、资金安排、保障措施等。

③合理选择改厕标准和模式。农村户用厕所改造要积极推广简单实用、成本适中、农民群众能够接受的卫生改厕模式、技术和产品。鼓励厕所入户进院,有条件的地区要积极推动厕所入室。

④整村推进,开展示范建设。坚持"整村推进、分类示范、自愿申报、先建后验、以奖代补"的原则,有序推进,树立一批农村卫生厕所建设示范县、示范村,分阶段、分批次滚动推进,以点带面、积累经验、形成规范。

⑤强化技术支撑,严格质量把关。鼓励各地利用信息技术,对改厕户信息、施工过程、产品质量、检查验收等环节进行全程监督,对公共厕所、旅游厕所实行定位和信息发布。

⑥完善建设管护运行机制。各地要明确厕所管护标准,做到有制度管护、有资金维护、有人员看护,形成规范化的运行维护机制。

⑦同步推进厕所粪污治理。实行“分户改造、集中处理”与单户分散处理相结合,鼓励联户、联村、村镇一体治理。防止随意倾倒粪污,解决好粪污排放和资源化利用问题。

(4)保障措施

①加强组织领导。进一步健全中央统筹、省负总责、县抓落实的工作推进机制,强化上下联动、协同配合。

②加大资金支持。重点支持厕所改造、后续管护维修、粪污无害化处理和资源化利用等,加大对中西部和困难地区的支持力度,优先支持乡村旅游地区的旅游厕所和农家乐户厕建设改造。

③强化督促指导。对农村改厕工作开展国务院大检查大督查,落实将农村改厕问题纳入生态环境保护督察检查范畴。建立群众监督机制,通过设立举报电话、举报信箱等方式,接受群众和社会监督。

④注重宣传动员。鼓励各地组织开展农村厕所革命公益宣传活动,加强文明如厕、卫生厕所日常管护、卫生防疫知识等宣传教育。

第二节 农村改厕基本知识

一 常用概念

1.户厕

户厕是供家庭成员大小便的场所,由厕屋、便器、储粪池(也称化粪池或厕坑)等部分构成。

(1)建筑形式

户厕可分为附建式户厕和独立式户厕。附建式户厕建在住宅内或与主要生活用房连成一体,而独立式户厕建在住宅等生活用房之外。

(2)使用方法

按照便后是否使用水冲洗,可分为水冲厕所和旱厕。使用水冲洗的,不论是用自来水冲、高压冲水装置冲,还是舀水冲,均为水冲厕所;不用水冲洗的,包括加土、加灰覆盖或不覆盖的,均为旱厕。

2.粪便无害化处理

粪便中无害化处理是指减少、去除或杀灭粪便中的肠道病原体,控制蚊蝇滋生,防止恶臭扩散,并使处理产物达到土地处理与农业资源化利用标准的处理过程。

粪便中含有丰富的氮、磷等营养元素,经无害化处理后可以当作肥料利用。但是粪便不可排入水体,否则会造成水体的富营养化。

3.卫生厕所

卫生厕所是指有墙壁、屋顶、排风口和门,厕屋清洁、无臭,粪池无渗漏、无粪便暴露、无蝇蛆,粪便经就地处理或适时清出后达到无害化卫生要求,或通过下水管道进入集中污水处理系统处理后达到排放要求,且不污染周围环境和水源的厕所。

这里“卫生厕所”的定义,涵盖了《农村户厕卫生规范》(GB19379—2012)中“无害化卫生厕所”的定义。

二 标准与规范

1.农村户厕卫生规范

2004年实施的《农村户厕卫生标准》(GB19379—2003)于2012年修订为《农村户厕卫生规范》(GB19379—2012),该规范规定了农村户厕卫生要求及卫生评价方法,适用于农村户厕的规划、设计、建筑、管理、卫生监督与监测。

2.粪便无害化卫生要求

1987年颁布的《粪便无害化卫生标准》(GB7959—1987)于2012年修订为《粪便无害化卫生要求》(GB7959—2012),该标准规定了粪便无害化卫生要求限值和粪便处理卫生质量的监测检验方法,适用于城乡户厕、粪便处理厂(场)和小型粪便无害化处理设施处理效果的监督检测和卫生学评价。

3.农村户厕建设规范与技术要求

2018年5月,全国爱卫会办公室组织专家制定并发布了《农村户厕建设规范》,其对2012年的《农村户厕卫生规范》进行了细化,增补和完善了新出现的技术类型。

2019年8月,国家卫生健康委员会办公厅与农业农村部办公厅联合印发了《农村户厕建设技术要求(试行)》,科学指导各地农村户厕新建、改建和使用管理工作。

三 卫生厕所的主要类型及适用性

1.三格化粪池式厕所

此类型厕所适用范围较广,全国大部分地区都可以使用。东部经济较发达地区和南方水资源较丰富地区应用较多。该类型厕所具有以下特点:

①无害化效果好。

②粪便肥效保持度高。

③结构简单,易施工。

④日常管理维护简单。

2.双瓮化粪池式厕所

此类型厕所适合土层较厚、缺水地区,具有一定的防冻作用。主要应用于中原地区和西北地区。该类型厕所具有以下特点:

①无害化效果好。

②粪便肥效保持度高。

③结构简单,容易施工。

④可收集洗脸、洗菜水,澄清后冲厕,节约用水。

⑤日常管理维护简单,年需清理粪渣1次,具有一定的防冻作用。

3. 三联通式沼气池厕所

此类型厕所适用于气候温暖、取水较方便、有家庭养殖传统的地区。近年来，户用沼气池厕所有减少的趋势，现存量较多的是四川、云南、湖南、陕西等地。该类型厕所具有以下特点：

①粪便无害化效果好。

②沼液可用于施肥，也可以喷施在叶面或果实上，具有杀虫和提高产品质量的效果。

③沼气可以作为烹饪和照明的能源，不仅节省燃料，而且经济效益显著。

④建造技术复杂，需要经过培训的专业技术人员进行施工。

⑤占地面积相对较大，一次性投入较多。

⑥出现故障一般需要专业人员维修。

4. 粪尿分集式厕所

此类型厕所适用于干燥、缺水地区及寒冷地区。主要应用于吉林、山东、甘肃等地，但建造数量不多。该类型厕所具有以下特点：

①生态旱厕，造价低廉。

②建造简单，管理方便。

③大便后要加草木灰等覆盖料。

④适合人口较少的家庭。

⑤不适用于公厕。

5. 双坑交替式厕所

此类型厕所适用于干旱缺水、土层较厚的西北地区，东北寒冷地区也可应用。主要应用在内蒙古，陕西、新疆等地也有部分地区应用。该类型厕所具有以下特点：

①建造两个旱厕坑，技术相对简单。

②不改变原有旱厕习惯，管理方便。

③无须使用水冲洗，也不必担心用水与防冻的问题。

④清粪困难，难以用机械清掏。

⑤厕内卫生较难保持，容易出现臭味。

6.下水道水冲式厕所

此类型厕所包括完整的上下水道系统和小型粪污集中处理系统，适用于居住集中、供水和下水道设施完善、无粪肥需求的地区。全国各地均可应用，主要适用于城郊接合部、集镇、经济较发达的地区。该类型厕所具有以下特点：

①使用方便，卫生容易保持。

②与其他生活污水一起排放处理，家庭管理简单。

③造价较高，需要考虑后续污水处理费用。

④需要统一组织施工。

四 其他技术类型

目前，有许多其他技术类型的卫生厕所并未纳入《农村户厕卫生规范》或《农村户厕建设规范》的推荐类型，但已在一些农村进行了局部示范或推广。

1.微生物旱厕

此类型厕所容易建造、使用简单，适用于干旱缺水及寒冷地区。其主要是利用微生物分解粪便的特性，优选高效微生物菌种，通过将微生物投放至旱厕储粪池，加快粪尿发酵，减少臭味、异味产生。

需要注意的是，此类型厕所需要适宜的温度和湿度，而且根据投放的菌种不同，还需要定期添加菌剂覆盖或搅拌。另外，不用电搅拌或断续搅拌、不添加菌剂或添加菌剂量不足、保温措施不够等情况，都会影响其使用效果。

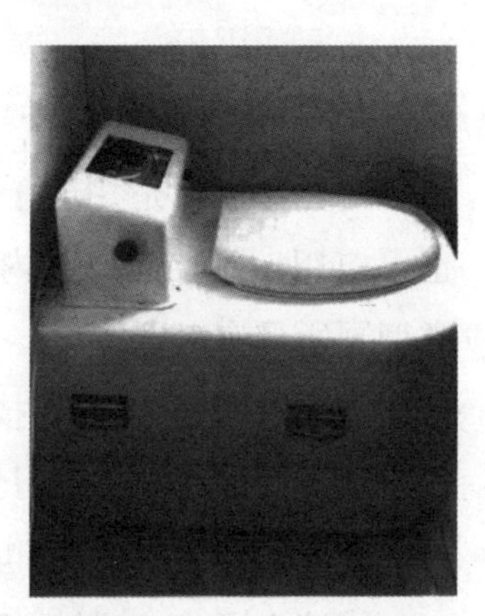

图2–2　一体化生态旱厕

微生物旱厕目前有3种主要形式：

(1)一体化生态旱厕

如图2–2所示，一体化生态旱厕由无水

马桶与生物反应器组成，可直接安装在室内。此类型厕所在使用时，其中有益生菌液与秸秆、稻壳等有机质做成的生物发酵堆，对装置内粪污进行有氧发酵。其间，粪污能得到有效降解，并可形成生物有机肥进行还田。

（2）改造的生态旱厕

如图2-3所示，此类型厕所直接利用旱厕坑改造成不渗不漏的储粪池，上面设置密闭的无水马桶。优选具有除臭、防冻功能的微生物菌种，制成旱厕除臭消化剂，投放至旱厕储粪池，基本无污染残留物。

图2-3　改造的生态旱厕

（3）源分离生态旱厕

如图2-4所示，将粪便和尿液通过粪尿分集式便器分别收集至储粪槽（池）和储尿桶中，在大便中添加经特殊处理过的碳化木片与微生物菌种混合制成的除臭消化剂，搅拌处理后即成为无臭无味的肥料；尿可兑水施肥。

图2-4　源分离生态旱厕

2. 粪污一体化生物强化处理技术

粪污一体化生物强化处理技术是指收集粪便和生活污水，通过在处理设备中添加一定量的生物强化菌剂，对污染物进行高效降解，实现污水净化和冲水循环利用的技术。

该技术可应用于整村、联户或单户家庭，其中整村或联户需要安装下水管道。通过添加强化菌剂，并对污水进行曝气，使之达到污水排放标准。

温度和曝气对处理效果影响较大,温度较低时需采取保温、增温措施,曝气中断时间过长需重新添加菌剂。

3. 粪尿集中清运处理系统

粪尿集中清运处理系统适合居住相对集中、没有条件建设下水道设施(如已改厕或山石地质)、家庭无用肥需求的地区。

该系统中的户厕宜使用节水型便器,粪污进入储粪池(可由原有的三格池、双瓮池、沼气池等改造而成);应注意不能将其他生活污水排入储粪池;清运工具采用吸粪车通过真空泵将粪污吸入密封的容器罐后,转运至粪污处理站;在粪污处理站集中处理粪污需要一定的清运处理费用,也需要一定面积的处理场地,可与有机农业合作,将粪污处理成有机肥。

4. 真空负压收集处理系统

真空厕所利用冲厕系统产生的气压差,以气吸形式把便器内的污物吸走,从而达到减少使用冲厕水并抽走臭味的目的。

真空厕所利用真空负压处理系统,使前端收集与后端生态处理相结合,是一种节水高效的生活污水处理解决方案。真空厕所收集的黑水浓度非常高,粪污的缩容减量将为下一步粪污处理创造良好条件。

5. 净化槽

净化槽是一种小型的一体化生活污水处理装置,采用兼氧-好氧的生物接触氧化工艺,用于分散型生活污水处理。污水流进入沉淀分离槽进行预处理,去除水中颗粒及悬浮物;生物处理单元通过连续的兼氧-好氧去除有机物及总氮;沉淀槽溢水堰设置固体含氯消毒剂,对出水进行消毒处理。

第三节 化粪池溯源与功能定位

化粪池是农村卫生户厕的核心单元，直接决定厕所粪污处理效果的好坏。因此，本节对化粪池的发展历程进行溯源，并分析其在不同卫生模式下的功能定位。

一 化粪池的发展

化粪池是最简单的污水处理装置。其基本原理是在重力和浮力的共同作用下使静置的粪尿废水发生分层、沉淀和分离，逐渐形成浮渣层、液体层和沉渣层（图2–5）。化粪池的另一个重要原理是通过厌氧生化作用，对纤维素、淀粉等有机物进行分解，产生有机酸、甲烷、腐殖质、铵、溶解性磷等，使污水性质趋于稳定。同时，由于化粪池内长时间处于高氨氮、高pH条件，可杀灭肠道寄生虫卵等病原体，控制蚊蝇滋生，使出水和出渣的安全性得到显著改善。

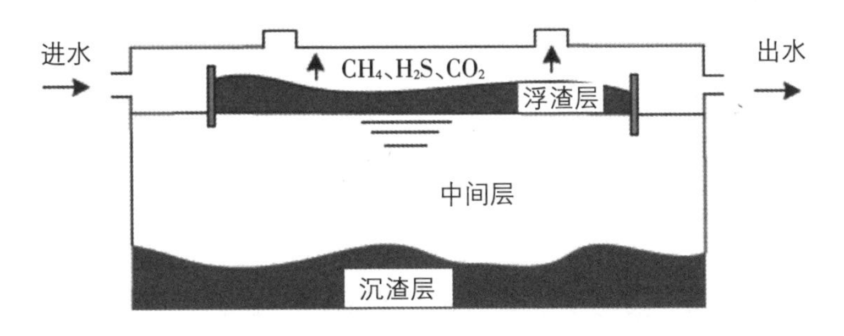

图2–5　Mouras化粪池原理示意图

化粪池的研究从经验设计、原理分析到工作机制，经过了100年左右的时间。作为一种水冲厕所的初级污水处理设施，最早的化粪池设计可以追溯到19世纪。1860年，法国人Mouras设计了一种进水管和出水管均深入液面下以形成水封的新型粪池。1881年，法国人Moigno在书中称其为“Mouras池”，这便是最早的单格式化粪池。1895年，英国研究人员对“Mouras 池”进行了工艺改进，首次称之为“化粪池”并申请了专利。1905年，德国人Imhoff对化粪池的结构进行改进，将池子分为两格，强化了固体物质与出水的分离，让还没有充分分解的固体物质沉淀在化粪池的第一个格内，便于其长期停留在化粪池内进行分解，同时也改善了出水的水质。该设计在国内外被广泛应用于城市排水的初级处理，如居民小区或大楼设置的化粪池及污水处理厂的初沉池。

由两格化粪池演变为三格化粪池是中国人的创新设计。由于早前水冲厕所和下水道在我国农村尚未普及，为了方便农民取粪，同时又不影响化粪池内必要的水力停留时间，人们在两格化粪池的后部又增加了一格，用于储存熟化的粪液（图2-6）。化粪池从两格变为三格，体现出资源再利用的理念，这不同于西方的末端处理模式。中国人自古有用粪尿施肥的传统，农村地区一般会使用具有防渗功能的储粪池，在储存粪尿的同时，通过厌氧生化作用将粪尿分解熟化，其目的并非排放，而是更好地利用粪肥。

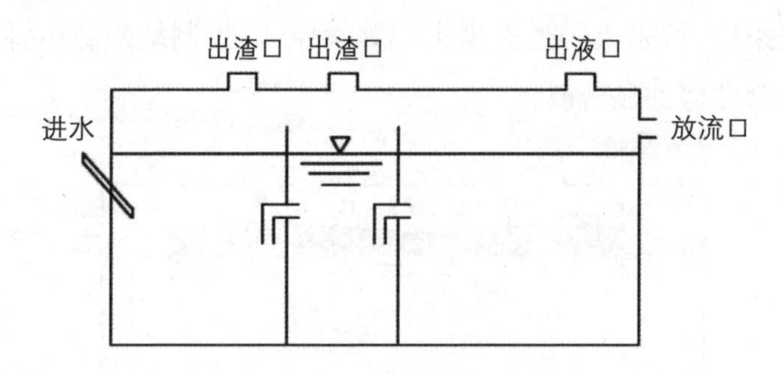

图2-6　三格化粪池结构示意图

相较于其他生活污水处理方法，化粪池的优势在于结构简单、运行简便。化粪池充分利用了自发过程，几乎无须人工控制。因此，化粪池每一步的改进设计都具有实际意义，每增加一格，其性能及功能定位都大有不同。近年来，有研究人员提出“四格”“五格”化粪池的设计，但该结构改进若只简单地增加沉淀或厌氧的格数，意义并不大，因为化粪池主要是靠足够长的水力停留时间，实现有效的沉淀（上浮）和厌氧生化降解，所以在容积相同的情况下，将化粪池再分为更多的格，对上述两种功能的贡献很小。

二 卫生模式与化粪池功能定位

“厕所革命”实际上是一场重点针对人类排便方式的系统性变革，既要提升人们的生活卫生文明水平，又要防止因排泄物处置不当而造成对生态环境的破坏。因此，根据不同卫生模式下化粪池的功能定位（图2-7），必须重点解决两个环节的排放问题。第一个环节是将排泄物从室内转移到室外的过程，这个环节有三个逐级提高的文明台阶，即卫生性（避免人因接触排泄物导致疾病）、舒适性（避免人对不良气味产生不适感）和便利性（尽可能减少因满足卫生性和舒适性需求而产生的劳作），每提升一个台阶都意味着一次生活文明的巨大进步，同时也意味着排便成本的增加。第二个环节是将排泄物从人类社会转移到大自然的过程，这个环节也有两个逐级提升的文明台阶：一是把污染程度降低到一定水平，排泄物达到某个环境排放标准后排放；二是完全实现资源循环与环境持续发展要求。

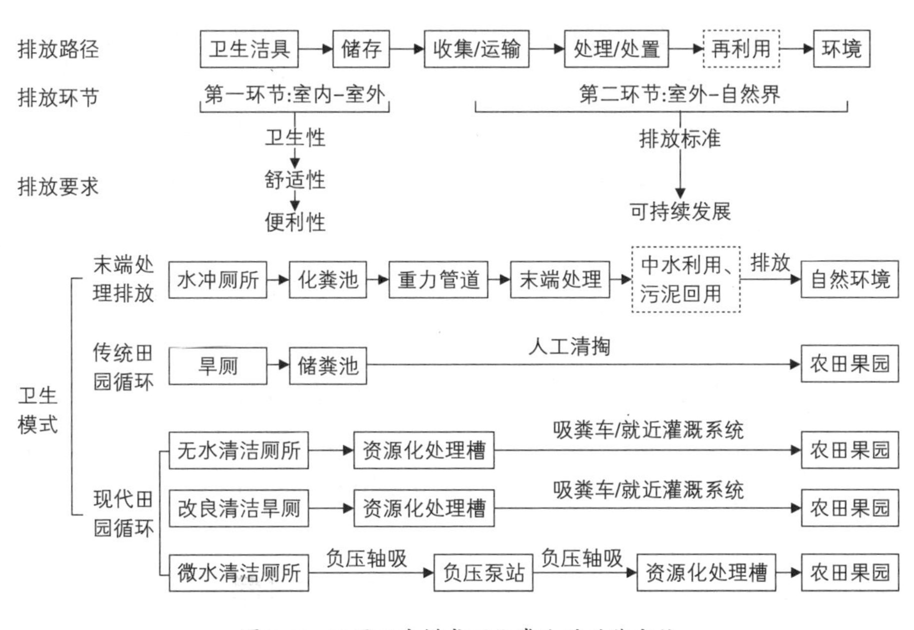

图2-7　不同卫生模式下化粪池的功能定位

排放方式的选择决定了不同的卫生模式，东西方由于文化差异在长期发展中形成两条截然不同的路线。西方社会在经历近千年的卫生黑暗时代和多次瘟疫大暴发后，认为排泄物是肮脏的污染物，随着水冲马桶的发明和机械化工业的快速发展，逐渐发展出以“水冲厕所+重力管道+末端处理”的卫生模式，简称“末端处理模式”。该模式采用了具有现代化意义的水冲厕所和管道（塑料、铸铁等），同时满足了卫生性、舒适性和便利性，实现了第一环节排放的高度文明，因此迅速在全世界推广开来。但是，该模式的突出问题是水资源浪费，粪尿中所包含的有用资源被作为污染物处理，污水处理成本高。

以中华文明为主的东方社会则在很早就认识到粪尿的肥料价值，并建立了具有悠久历史的“收集+积肥+施肥”的传统田园循环模式，这一模式在第二排放环节达到了一定的文明水准。但是，随着社会发展，未经过现代化升级的传统田园循环模式难以满足第一环节的三个要求，尤其是便利性要求，第二环节的人工清掏、搬运方式既烦琐，又可能对人体健康产生不利影响，因此逐渐被现代人所嫌弃。实际上，依照现有工业水平，从技术上完全可以按照现代生活文明和生产文明的标准重构田园循环模式，即“现代田园循环”模式。构建现代田园循环模式，首要任务是在第一排放环节杜绝使用大量水来稀释粪尿，避免粪污的资源回用价值降低。因此，该模式推荐使用无水清洁厕所（如堆肥厕所）或微水清洁厕所（每次冲水量少于1.5 L，如抽吸管道厕所）。

卫生模式的不同，特别是卫生设施的选择，直接影响了化粪池的功能定位。

当采用水冲厕所（非节水型）时，化粪池的功能定位为建筑物排水的预处理设施。一般来说，两格化粪池足以满足建筑物排水的预处理需求。根据《建筑给水排水设计规范》（GB 50015—2003），用于水冲厕所排水的化粪池容积满足水力停留时间12~24 h即可。由于其后端还会接排水和污水处理设施，所以对此类化粪池出水并无卫生学指标要求。

当采用无水清洁厕所或者微水清洁厕所时，化粪池的功能定位则转变为资源化处理器，要求化粪池具备无害化（杀灭病虫卵）、资源化（腐熟）及一定的储存能力（第三格）。当化粪池前端设置为无水或微水清洁厕所时，便器与化粪池之间可采用直落式或斜管式连接，厕所形制和厕屋的设计可参考水冲厕所的外观，尽量提高第一排放环节的舒适性和便利性，如图2-8所示。

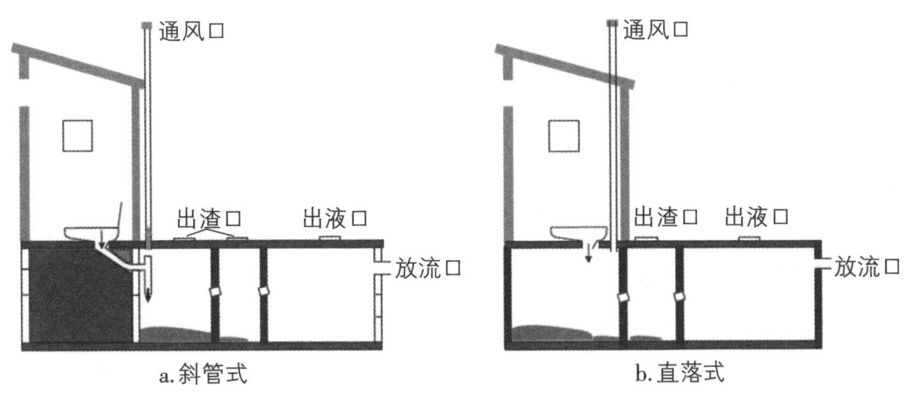

图2-8　微水清洁厕所与化粪池

第四节　我国农村三格化粪池现状

三格化粪池式厕所也叫三格式户厕，是我国农村改厕推荐模式之一，其中的三格化粪池是三格式户厕的核心组成部分，也是当前我国“厕所革命”推进过程中应用最广的粪污处理设备。本节基于三格化粪池在我国农村改厕中的应用情况，分析了三格化粪池在实际应用中存在的常见问题，阐述了当前粪污资源化利用与达标处理技术类型的适用范围和优缺点，最后对农村三格化粪池技术进行了展望。

一　三格化粪池的发展历程

1.三格化粪池结构

目前，市场上推行的三格化粪池结构比例主要分为三种：一是《建筑给水排水设计规范》(GB 50015—2003)中提出的3∶1∶1型结构;二是《镇(乡)村排水工程技术规范》(CJJ 124—2008)中提出的2∶1∶1型结构;三是《农村户厕卫生规范》(GB 19379—2012)中提出的2∶1∶3型结构。不同规格的化粪池,其用途、适用范围存在一定差异,这给地方政府推进改厕工作带来了困扰。其中,《建筑给水排水设计规范》主要适用于公共建筑区、民用建筑、工业建筑的给水排水设计,3∶1∶1型的化粪池属于初级过渡性生活污水处理构筑物,其空间主要用于沉降污水中的悬浮物,要求粪污停留时间为12~24 h,液化固态粪便,进而满足排入城市下水管网的进水要求;《镇(乡)村排水工程技术规范》适用于县城以外且规划设施服务人口在50000以下的镇(乡)和村的新建、扩建和改建的排水工程,2∶1∶1型的三格化粪池作为生活污水预处理后进入收集系统的设施,与《建筑给水排水设计规范》中调节池的功能一致,要求粪污停留时间为24~36 h。而《农村户厕卫生规范》主要适用于农村户厕的规范、设计、建筑、管理以及卫生监督、监测,目的是利用3个格室的沉降使粪污充分发酵,消除病原体,从而实现粪污无害化,确保粪污资源化利用的安全性。其设计要求粪污在第一格停留时间不少于20 d,在第二格的停留时间不少于10 d,第三格原则上要求不低于第一、第二格有效时间之和。

实际应用中,我们可以根据化粪池的功能定位来选择合适的粪池结构。当三格化粪池作为厕所粪污的末端处理设施时,化粪池一般使用2∶1∶3型三格化粪池,生活杂排水不可排入化粪池内;当三格化粪池作为生活污水预处理构筑物时,生活杂排水可排入化粪池内,此时三种比例的化粪池皆可使用。此外,2∶1∶3型三格化粪池不仅具有灭杀寄生虫卵等病原体的功能,还可作为粪污的储存设施,其中第三格的粪液适时清掏后可直接还田。而3∶1∶1型和2∶1∶1型三格化粪池的构造理论与平流式沉淀池相似,其进出水口需设置浮渣挡板,以保证污泥在厌氧的条件下腐化发酵,出水应接入收集系统后进行深度处理。

随着城乡一体化建设的不断推进,农村地区呈现出人口规模缩小、居住密度降低、分散系数加大等特点,常规的集中管网上下水道模式并不适合农村分散地区，且农村分散地区普遍拥有大面积农田，粪污资源化利用需求较高。因此，我国绝大多数农村地区适宜选择2:1:3型三格化粪池。

2. 农村三格化粪池相关标准规范

随着人们对生活品质和环境卫生的要求不断提高，关于农村三格化粪池的相关标准规范也在不断完善。2003年首次发布的《农村户厕卫生标准》(GB 19379—2003)提出了"无害化卫生厕所"的概念，规定了三格化粪池的基本结构和建筑设计要求。2012年发布的《农村户厕卫生规范》(GB 19379—2012代替GB 19379—2003)进一步明确了无害化卫生厕所建设要求，并将三格化粪池作为无害化卫生厕所向全国推广。然而，对三格化粪池的安装施工要求及工程质量验收标准还未明确，导致地方政府在推进过程中无标可依。目前，部分地方政府在参考国家现有标准的同时，总结了各地农村厕所新建与改建施工与质量验收的实践经验，制定了适宜本地区的农村户厕规范或指南(表2-1)。2020年4月，国家出台了《农村三格式户厕建设技术规范》(GB/T 38836—2020)和《农村三格式户厕运行维护规范》(GB/T 38837—2020)，对三格化粪池的设计、安装与施工、工程质量验收与运行维护要求作出了具体规定，对农村三格式户厕建设质量和运维提出了更明确的要求。

表2-1　国家和地方政府出台的部分三格化粪池卫生厕所标准和规范

标准和规范	标准编号	单位
《农村户厕卫生规范》	GB 19379—2012	国家卫生健康委员会、爱国卫生运动委员会
《玻璃钢化粪池技术要求》	CJ/T 409—2012	住房和城乡建设部
《塑料化粪池》	CJ/T 489—2016	住房和城乡建设部
《关于印发农村户厕建设技术要求(试行)的通知》	国卫办规划函〔2019〕667号	国家卫生健康委、农业农村部
《农村三格式户厕建设技术规范》	GB/T 38836—2020	农业农村部
《农村三格式户厕运行维护规范》	GB/T 38837—2020	农业农村部
《一体式三格化粪池(聚乙烯、共聚聚丙烯、玻璃纤维增强复合材料)》	DB37/T 2792—2016	山东省住房和城乡建设厅

续表

标准和规范	标准编号	单位
《农村户厕改造技术标准》	DB22/T 5001—2017	吉林省住房和城乡建设厅
《农村无害化厕所建造技术指南》	DB42/T 1495—2019	湖北省发展和改革委员会
《农村厕所建设和服务规范第2部分：农村三格式卫生户厕所技术规范》	DB33/T 3004.2—2015	浙江省卫生和计划生育委员会
《宁夏农村厕所建设技术性指导意见》	宁农居办发〔2019〕3号	宁夏回族自治区农业农村厅
《农村无害化卫生户厕技术规范》	DB32/950—2006	江苏省卫生厅爱卫办
《农村户厕改造技术规范》	DB63/T 1755—2020	青海省农业农村厅
《一体式化粪池》	DB41/T 1605—2018	河南省住房和城乡建设厅
《农村地区公厕、户厕建设基本要求》	DB11/T 597—2018	北京城市管理委员会
《江西省农村三格化粪池式无害化卫生户厕建设技术规范》		江西省卫生健康委员会
《厕所革命农村户厕建设与管理规范》	DB5118/T 4—2018	四川省雅安市质量技术监督局
《全省农村户用卫生厕所建设与管理暂行办法》	晋农社发〔2020〕9号	山西省农业农村厅
《甘肃省农村改厕技术指导手册》		甘肃省卫生健康委员会
《云南省农村厕所改造建设技术指南（试行）》		云南省住房和城乡建设厅
《农村户用卫生厕所建设及粪污处理技术规程》	DB50/T 1137—2021	重庆市农业农村委员会
《安徽省农村改厕技术导则（试行）》		安徽省住房和城乡建设厅
《辽宁省农村户厕建设技术要求（试行）》		辽宁省卫生健康委员会
《黑龙江省农村室内户厕改造技术导则（试行）》		黑龙江省住房和城乡建设厅

二 我国农村三格化粪池建设情况

2004—2017年，农村三格化粪池数量以6.94%的年增长率持续增长，且三格化粪池的建设存在着明显的空间区域性差异。尤其是在2015—2017年，东部地区三格化粪池建设数量平均占全国总数的23.48%，而西部和中部平均占比分别为6.19%和6.24%，呈现出明显的“东高西低”布局。然而，在2015—2017年，东部地区三格化粪池建设年增长率为4.71%，低于西部（12.06%）和中部（8.34%）。这可能是由于2009年农村改厕项目实施后，国家加大了对中西部地区改厕资金投入，从而推动了中西部地区农村改厕整体进程。

三格化粪池不仅在东、中、西部地区分布差异较大，而且在不同省份间也存在显著差异（$P < 0.01$）。在东部地区，广东省、江苏省及浙江省的三格化粪池累计建设量位居前三，截至2017年，广东省的三格化粪池累计建成1354.4万座；在中部地区，江西省的三格化粪池建设数量最高，累计达457.6万座；在西部地区，除广西壮族自治区外，其余省份三格化粪池建设数量普遍较低。

三 三格化粪池应用中常见的问题

虽然三格化粪池在我国农村改厕工作中覆盖面很广，但三格化粪池在应用中出现的问题屡见不鲜。2019年，国务院农村人居环境整治工作检查组在河南省、安徽省等地抽查发现，三格化粪池普遍存在质量及运行问题，例如出粪口损毁、格池间隔板变形导致串水、未安装排气管等，甚至个别地区还存在三格化粪池厕所建而不用的问题。这些问题的出现直接关系到改厕质量和居民日常生活。

1. 有效容积不足

《农村户厕卫生规范》规定三格化粪池的有效容积不小于1.5 m^3，但部分厂家为了节约生产成本，将三格化粪池的总容积按1.5 m^3生产，其实际有效容积仅为1.2 m^3左右，无法保证粪污发酵停留时间，导致化粪池出水未达到《粪便无害化卫生要求》(GB 7959—2012)标准。另外，化粪池的有效容积与农村实际冲水能力相冲突。根据《节水型卫生洁具》(GB/T 31436—2015)标准要求，节水型坐便器、蹲便器用水量一般为4~6 L，按最低4 L的冲水量和每人每日如厕5次进行计算，一个三口之家每日可产生60 L厕所污水，如要保证粪污在化粪池中60 d(3个格室)的停留时间，则需化粪池的容积至少为3.6 m^3，超出目前常用的1.5 m^3和2.5 m^3的化粪池容积。若使用有效容积为1.5 m^3的化粪池，则粪污停留时间在25 d左右，达不到粪便无害化的厌氧消化时间要求，直接还田可能有损害人体健康的风险。而选择粪污清掏转运方式的农户，由于化粪池容积过小，缩短了清掏周期，增加了清掏频率，加重了农户的经济和生活负担，从而降低了厕所的实用性，影响农户改厕的积极性。

2.化粪池质量不达标

化粪池质量是保证改厕工作顺利实施的核心，而原材料、生产工艺、技术人员操作等都可能影响化粪池质量。从早期的砖砌化粪池、现浇钢筋混凝土化粪池到预制钢筋混凝土化粪池、整体式玻璃钢化粪池和塑料化粪池，化粪池的生产工艺和材质在不断改进，一定程度上减少了易腐蚀、易渗漏的问题，但化粪池格室串水的现象仍然普遍存在。此外，基于化粪池企业的注册资金统计数据分析发现，我国农村改厕企业主要为中小型规模，而且其多数只是兼营化粪池产品，销售模式多以政府、工程订购为主，委托代理为辅，极少数产品采用直销模式。因此，部分企业为压低价格，生产的化粪池减料减配，如在塑料化粪池生产过程中添加过多辅料，减少原材料用量，使生产的化粪池池壁变薄，达不到国家标准要求。据2019年12月初的《焦点访谈》报道，甘肃凉州区某企业化粪池中标价格为每套1400元，但真实成交价格一套不足600元，导致大量新改厕所化粪池出现质量问题。因此，应加强化粪池等产品的质量保障力度，例如建立质量评估体系、增加产品质量抽检的频率等，避免不合格化粪池进入改厕现场。

3.施工质量难以保证

三格化粪池施工过程是改厕的关键环节。部分化粪池设计本身并无问题,但由于施工不规范,导致化粪池变形、破损,无法正常使用。如河南省开封市在厕所改造检查中发现,个别村已填埋的预制三格化粪池已经出现开裂、变形等问题,部分三格化粪池由于坑底未铺设垫层导致化粪池出现沉降、渗漏等问题。影响施工质量的原因主要有两方面:一是缺乏全流程监督,厕所改造涉及大量农户,过程监督成本较高,一些地方的过程监督及验收只有数量指标而没有质量指标,加之对改厕过程中出现的偷工减料、操作不规范等现象把控不严,导致施工质量达不到标准要求;二是施工队伍缺乏专业性,绝大部分施工队伍只凭借经验进行改厕,另外,国家鼓励农民自主投工投劳参与改厕,而农民缺少专业培训和指导,因此施工作业达不到国家标准要求,导致化粪池建设及后期运行中出现诸多质量问题。

4.粪污处理处置不当

当前各地积极推进农村改厕行动,但部分地方存在“重建轻管”现象,一味强调化粪池的数量,而忽视了厕所粪污的处理处置问题。由化粪池泄漏和粪污不规范排放等引起的非点源污染,是造成农村环境污染的重要因素。通过对福建省安溪县的调研发现,部分农户三格化粪池的出水直接排放到周围水体,对环境造成污染。另经调研发现,浙江省化粪池约36%的出水直接排入周围土壤,8%左右的出水直接排入水体。目前,我国大部分地区还未建立改厕后的社会化管护机制,粪污抽取、转运和利用等后续工作机制尚不健全,导致粪污资源化利用方式欠规范,主要依据农户自身需求对粪污进行清掏,而且并未考虑粪污是否已达到无害化就直接还田利用,从而引发了一系列环境卫生问题。有研究指出,化粪池系统中存在致病菌,如大肠杆菌、志贺氏菌和沙门氏菌等,这些病菌可引起人体腹泻、恶心、痢疾和肝炎等健康问题。还有研究通过宏基因组学对天津农村三格化粪池出水中的病原体和抗生素抗性基因进行研究,发现携带耐药基因的致病菌被高频检出,其进入环境后将威胁动物和人体健康。另有学者对我国10个省份50户农村家庭厕所粪污微生物群落结构进行分析，也发现三格化粪池出水样品均检测出多种致病微生物。因此，需要健全厕所末端对粪污的处理处置工作机制，加强对粪污的无害化处理，避免将污染排入环境中，引发环境及健康问题。

四 粪污资源化利用与达标处理技术模式类型

国外的化粪池多与末端处理设施配套使用，共同处理厕所粪污和其他种类的生活污水。化粪池和末端处理设施构成一个“现场污水处理系统”，化粪池仅作为黑灰水预处理装置，黑灰水在化粪池内停留1~2 d，完成沉淀、液化和初步厌氧处理，而无害化、降碳脱氮除磷等主要功能后移至末端处理设施。而我国采用的三格化粪池主要处理厕所粪污，以延长停留时间（粪污需停留1~2个月）的方式使粪污得到充分沉淀和厌氧消化，在化粪池内实现粪污无害化，保留氮、磷等养分元素，处理后的粪污可作为肥料还田利用，或后续配套深度处理技术，实现达标排放，避免形成面源污染。基于目前我国广泛使用三格化粪池处理粪污的现实情况，总结了以化粪池为主体实现粪污资源化利用和达标处理目标的技术模式。

1. 资源化利用技术模式

三格化粪池粪污资源化利用模式可分为两种类型，一种是三格化粪池+就地分散利用，另一种是三格化粪池+清掏转运+集中利用。

“三格化粪池+就地分散利用”模式主要用于单户、联户农村改厕及粪污就地资源化，适用于居住分散、有粪污还田需求的农村地区。有研究团队提出了“粪污不出户，粪污不出田”的就地利用理念，建立了“缺水山区改厕和厕所粪污庭院消纳及大田回用”模式，并在贵州省剑河县进行了示范，已稳定运行3年，当地农户满意度较高。广西壮族自治区提出了“两次处理-两次利用-实现两化”的“三个两”生态循环型改厕模式，该模式利用单户建设的三格化粪池出水浇灌自家房前屋后的微菜园或微果园，实现第一次处理和利用，随后接入粪污集中处理池，进行农田灌溉利用，实现粪污的第二次处理和利用，最终达到粪污无害化和资源化处理的目的。山东省广饶县提出了基于“厕所+三格化粪池+庭院消纳+菜园经济”模式，探究了农村三格化粪池尾水原位土壤消纳对蔬菜种植土壤环境的影响，结果表明：三格化粪池尾水原位土壤消纳方式可提高庭院菜园土壤肥力和土壤微生物多样性，实现尾水资源化利用。而针对粪污就地利用可能引发的土壤环境问题，部分学者也开展了相关研究。有研究发现，将发酵后的人粪施于土壤中不仅能改善土壤理化性质，而且可提升农作物品质。另有研究指出，使用发酵后的人粪便可以在一定程度上提高土壤养分含量、酶活性和微生物丰度，改善了土壤质量。

“三格化粪池+清掏转运+集中利用”模式主要用于整村改厕及粪污资源化，适用于城郊或有经济条件的居住集中的农村地区。该模式主要是通过吸粪车定期抽吸粪液，转运至粪污集中收集站进行集中无害化处理，生产的粪肥根据各地需求再进行资源化利用。河北省邱县创制了“专业抽取，综合处理，变废为宝”的三步处理模式，粪渣最终被制成有机肥自用或对外销售，实现粪污循环利用，同时增加了村集体收益。目前，粪污清掏转运和集中利用已逐步实现信息化和智能化，山东省无棣县开发了智能化管控系统，通过信息化手段，对中转站、运输车辆、处理中心和操作人员进行全要素、全方位实时监控，实现了维修、收集和清运各环节全流程、可追溯的管控。

随着农村人口的空心化程度不断加剧，个体农户对粪肥的需求急剧萎缩，且农户生产生活观念发生转变，农户不愿自己清掏粪污。同时，农村土地流转率逐年增加，家庭农场、种植大户逐年增多，规模化使用有机肥替代化肥的需求也在不断增加。鉴于上述原因，“三格化粪池+清掏转运+集中利用”模式在农村厕所粪污资源化利用中应用更多。但两种技术模式相较而言，“三格化粪池+就地分散利用”模式建设成本低，易于管护；“三格化粪池+清掏转运+集中利用”模式建设和运营成本相对较高，需要配备专业管护队伍和设备，但其易于管理、利用效率高。因此，各地在选择农村改厕和粪污资源化技术模式时，需因地制宜、因村施策。

2.达标处理技术模式

发展中国家的主要水污染问题是化粪池等现场卫生系统排放的污水中含有大量的有机污染物、营养物质和病原微生物，检测发现BOD含量、NH_4^+-N含量、TP含量和粪大肠菌群数分别为102.0~330.0 mg/L、20.0~43.0 mg/L、3.0~34.0 mg/L和7.3×10^6~1.3×10^8 MPN/L。显而易见的是，在我国农村改厕的背景下，水冲式厕所大量替代免水冲厕所将导致大量液态粪污产生，极大增加了农村生活污水治理压力。然而，截至2020年年底，我国农村生活污水治理率仅为25.5%。因此，很多学者为提高传统三格化粪池的处理效率，对其结构和功能的优化升级进行了积极探索。

(1)在化粪池中设置适当的填料层

这主要是利用填料对常规化粪池进行升级，填料增加了微生物附着面积，不仅能提高微生物对污染物的降解率，还能起到过滤效果。有研究学者对填料利用进行了优化，主要有两种思路：一种是经化粪池厌氧消化后的出水再进入填料单元，利用填料对污染物进行截留（过滤）、吸附，增加微生物降解效率，提高出水水质；另一种是将填料单元内置于三格化粪池中，利用填料拦截大颗粒的有机物，并增加微生物密度及生化反应速率来净化水质。

(2)改变化粪池中的污水水流形态以增强化粪池的处理效果

当进水量较大时，传统的三格化粪池水流状态为水平流，出水水质较差，对污染物的去除效率低。为更好地将厕所污水和生活污水进行协同处理，许多研究人员在化粪池污水水流形态方面进行了一些改进和优化，形成了以升流式厌氧污泥床反应器（upflow anaerobic sludge bed，UASB）和厌氧折流板（anaerobic baffle reactor，ABR）为代表的新型污水处理装置。其中，UASB工艺采用上流模式进料，不仅能更好地利用反应器的工作容积，还能充当沉降装置。在适宜的物理和化学条件下，厌氧污泥可以絮凝并形成具有优良沉降性能的颗粒，从而将污染物截留在生物反应器中，而无须过滤器或在流化床中使用填料。与UASB不同，ABR的基本原理是增加污水与污泥中的活性生物质之间的接触，主要通过一系列垂直挡板迫使生活污水从入口流向出口，高浓度的生物质保留在每个格池的上流区域，不仅提高污水处理效率，还能减少污泥的产生量。与UASB相比，ABR对水力负荷和有机冲击负荷具有更高的耐受性、更长的生物质保留时间和更低的污泥产率，且它的构建和操作简单，维护方便。

(3)化粪池后衔接不同处理工艺，如"化粪池+自然处理"技术

该技术目前在国际上应用较为广泛，以两格化粪池为主同步收集黑灰水，后端配备土地渗滤等技术。例如，美国环境保护署推荐了以化粪池连接后端排水场或土壤吸收场为主的10种最常用的"化粪池+"处理模式，全美使用比例超过20%；澳大利亚运行的分散污水处理系统中，至少有75%采用了"化粪池+土地渗滤"处理系统；英格兰和威尔士大约有10%的家庭分散污水使用"化粪池+"处理系统。这种就地污水处理系统不会形成出水的地表外排，为保护公众安全和节约水资源做出了巨大贡献。近年来，黑灰水的自然处理技术成为国内研究热点，国内学者也加大了对"化粪池+自然处理"技术的研究力度。目前常见的自然处理技术包括人工湿地、土地渗滤、稳定塘等，其主要通过过滤、吸附、氧化还原、生物转化、植物吸收等功能处理污水。

以上三种技术方式相比较而言，在化粪池中增设填料层的方式对填料性质要求较高，若选择不当，易造成阻塞，降低处理效果；改变化粪池中污水水流形态的方式应根据不同的应用条件和出水去向进行选择，后续需适当增加处理工艺以保证达标排放；化粪池后衔接不同处理工艺的方式应借助当地土地和坑塘、沟渠等自然条件，因地制宜组装和设计技术路线，充分发挥水土自净功能，实现达标排放。

五 农村三格化粪池技术展望

"厕所革命"已从单纯的农村改厕发展到改厕和粪污处理及资源化并重阶段，农村对粪污的处理利用需求也越来越高。为确保农村改厕质量，提升农村人居环境整治效果，三格化粪池技术需在以下几个方面进一步改进和发展。

1.构建三格化粪池产品与施工质量技术标准体系

建立三格化粪池产品质量控制标准，规范三格化粪池选料用料、生产工艺和过程、出厂质量管控等相关环节，从源头确保产品质量合格；建立三格化粪池施工与验收标准，规范施工队伍、施工流程和验收等相关环节，实现施工队伍专业化、施工管理标准化；推动产品及施工的市场化认证及第三方评估。

2.建立“三格化粪池+资源化利用/达标处理”系统化改厕新模式

三格化粪池功能单一，应将三格化粪池建设和末端资源化或达标处理进行整合，通过资源化利用或达标处理技术对三格化粪池技术进行优化升级，优先增加末端资源化利用功能模块，对厕所粪污及生活污水进行协同治理，为农村庭院与大田种植供水供肥，实现农村改厕与农村庭院经济和农业绿色发展相结合。

3.构建厕所粪污资源化利用或达标处理的环境及健康风险评价体系

粪污资源化利用及达标处理是未来农村厕所改革的发展趋势，应探索厕所粪污中养分循环利用规律，提升养分利用效率；加强厕所粪污处理及利用过程中的典型污染物迁移、转化和累积机制研究，防控环境污染风险；开展人体暴露及摄入风险研究，保障人体健康。

第五节　三格式户厕

一　原理与流程

1.卫生学原理

(1)在第一格中粪尿与冲水组成了混合液，形成厌氧环境，开始厌氧发酵。

(2)厌氧发酵降解有机物，改变微生物生存环境，具有杀灭病菌和虫卵的作用。

(3)虫卵沉降到底层粪渣中。

(4)中下层过滤粪液,腐熟的粪液可以通过,阻止粪皮和粪渣通过。

2. 流程

(1)新鲜粪便由进粪口进入第一池,与池内粪、尿、水混合后开始崩解并进行厌氧发酵作用,经过20 d以上的液化、分层、虫卵沉降,因密度不同粪液可自然分为三层:上层为糊状粪皮,下层为块状或颗粒状粪渣,中层为比较澄清的粪液。上层粪皮和下层粪渣中含细菌和寄生虫卵最多,中层含虫卵最少,初步发酵的中层粪液经过粪管溢流至第二池,而将大部分未经充分发酵的粪皮和粪渣阻留在第一池内继续发酵。

(2)溢流入第二池的粪液经过10 d以上的进一步发酵分解,与第一池相比,第二池内的粪皮与粪渣的数量明显减少,因此发酵降解活动较少,由于没有新粪便进入,粪液处于比较静止的状态,有利于悬浮在粪池中的虫卵继续沉降。

(3)流入第三池的粪液一般已经腐熟,其中病菌和寄生虫卵已基本被去除,达到了无害化要求。第三池主要起储存腐熟粪液的作用,可供农田施肥(图2–9)。

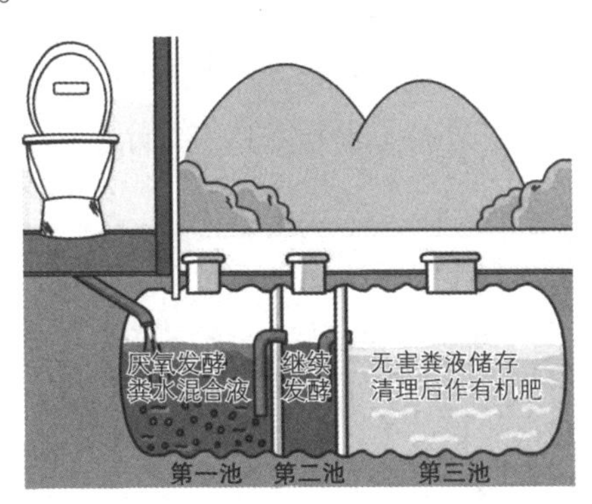

图2–9　三格式户厕流程示意图

二　主要结构

三格式户厕由地上和地下两部分组成。地上部分有厕屋、便器(一些类型需另设冲厕器具）、排气管、化粪池盖板，地下部分有进粪管、过粪管、三格化粪池（图2–10）。

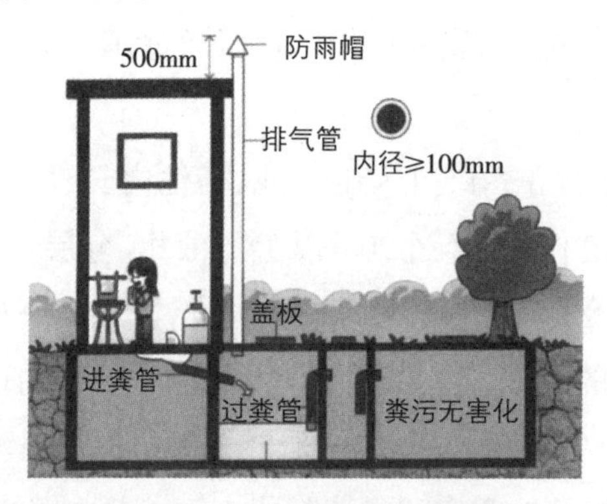

图2–10　三格式户厕结构示意图

1. 厕屋

厕屋分为独立式和附建式两种类型，可建在化粪池之上或化粪池旁边。寒冷地区最好在厕屋建造前做好地基的防渗漏处理，建好三格式化粪池（化粪池应满足厕屋的抗压性要求），然后在化粪池之上直接建厕屋，这样既可以保证如厕的舒适、方便，又起到保温、防冻作用，也可以利用原有墙体进行改造、装修。

2. 三格化粪池

三格化粪池是此类型厕所最重要的组成部分，化粪池的位置应因地制宜，可以设在室内和室外（或部分室内、部分室外），考虑好清渣口、清粪口的设置。

（1）三格化粪池的容积

根据家庭使用人口确定三格化粪池的容积，一般3~5口之家使用的三格粪池的有效容积不小于1.5 m^3。化粪池内设两个隔板，由2个过粪管连通化粪池的3个池，要求粪液在第一池贮存不少于20 d，第二池贮存不少于10 d，第三池贮存不少于30 d，即第一池0.5 m^3，第二池0.25 m^3，第三池0.75 m^3。三格化粪池容积比例原则上为2∶1∶3。为了现场施工方便，砖砌池可以扩大第二池的容积，与第一池相同。

(2)三格化粪池的深度

化粪池有效深度为1 m,加上化粪池的上部空间,池深约1.2 m。设计和施工时应满足最小施工尺寸要求。

(3)其他

在北方地区,根据农时需要,可适当扩大三格化粪池的容积,延长无害化处理时间和清掏周期,还应注意防冻、保温,化粪池应设置在冻土层以下。另外,由于农村水冲式户厕的普及,冲洗厕所耗水量偏多,3~5口之家所需的三格化粪池的有效容积可按不小于2 m^3建设,容积比例也可为1:1:1。超过5口的家庭可按每人0.5 m^3建设,或建造两个三格化粪池。

3.便器

由于三格化粪池容量有限,不能采用冲水量大的便器,更不能将其他生活污水接入化粪池,因此常采用陶瓷节水便器,每次冲水量不超过2 L。在不能保证供水、水压不足及冬季结冰的农村地区,可采用高压冲水器或手舀冲水的方式冲洗厕所,而且一般采用直通式蹲便器。

便器安装方法:室内厕所或先建好厕屋的,通过进粪管连通到三格化粪池的第一池;便器直接安装在第一池的盖板上,起到一定的防冻作用。

三 建造方法

1.三格化粪池

建造户用三格化粪池,可采用砖砌式、水泥预制式、现场浇筑式,以及塑料、玻璃钢一体化成型等方式。砖砌、现浇混凝土的三格化粪池根据地形、容积自建,不仅抗压性和耐用性好,也适合寒冷地区深埋防冻。一体化成型的三格化粪池适合批量集中改厕。

(1)砖砌式化粪池

砖砌式化粪池的容积可大可小,应根据使用人数和地形确定,其布局可采用“目”字形、“可”字形、“丁”字形、“品”字形等(图2-11)。

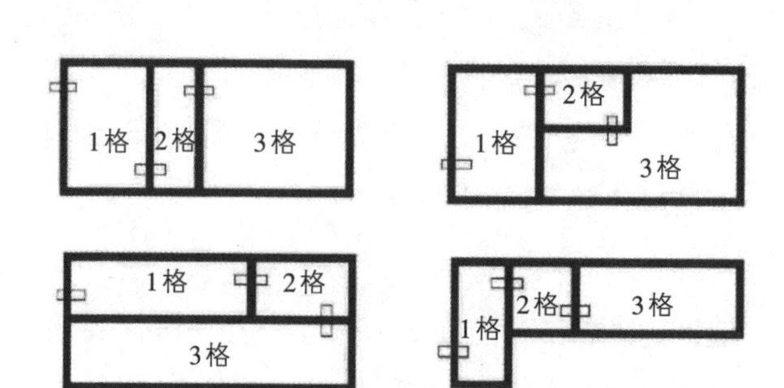

图2-11　砖砌化粪池布局

①砖砌化粪池的建造方法有放线和挖坑。在选定化粪池位置和确定粪池大小后，量好尺寸并打上石灰线。放线时应留出砖砌或现浇余地，一般每条边放150 mm，然后按线挖坑。一般土坑的深度为1.2 m，寒冷地区应建在冻土层以下。坑底原土整平夯实后铺50 mm碎石垫层，然后浇筑80 mm厚混凝土池底。按化粪池所需的尺寸先砌好四周墙体，分三格，中间分隔两道墙体。由于第二池较窄，施工有一定困难，因此砌到一定高度后，抹好水泥再继续砌墙，注意过粪管的预埋。

②过粪管安装。应注意角度、方向、位置的正确性，保证卫生效果。

③化粪池应进行防渗漏处理，确保池内外相互不渗漏。池内壁采用比例为1∶3的水泥砂浆打底一次，再用比例为1∶2的水泥砂浆抹面两次。抹面应密实，光滑。

④池盖的预制与安装。化粪池盖板和池盖可用预制钢筋混凝土构件，采用C20混凝土，保护层厚15 mm。第一池的盖板应留出放坐便器的口和出粪渣的口，第二池的盖板也应留出一个口，便于清渣和疏通过粪管，第三池盖板应留清粪口，便于出粪。每个口都应预制小盖，安装盖板时应用水泥砂浆密封，防止雨水渗入。

(2)水泥预制式化粪池

水泥预制式化粪池用料简单，只需水泥、沙、石子和少量钢筋，适用于批量生产。水泥预制分两种：一种是三格式的整体预制；另一种是先预制水泥板，然后现场组装。

①整体预制：采用木板或铁板组合成一个三格化粪池模具，然后用

钢筋组成骨架，再用水泥、沙和石子搅拌成混凝土灌入模具而成。整体预制的特点是质量便于控制、防渗漏效果好(图2–12)。

图2-12　整体预制三格式化粪池

②水泥板预制：首先预制好三格化粪池壁，然后在挖好的土坑中组装而成。用料基本同整体预制相同，要点是做好每块板接缝处的防渗处理，确保化粪池不渗不漏(图2–13)。

(3)现场浇筑式化粪池

将木板或铁板在农户已挖好的土坑中组装成三格化粪池模具，然后用混凝土现场浇筑。此方法防渗漏效果好(图2–14)。

图2-13　水泥板预制三格式化粪池

图2-14　现场浇筑三格式化粪池

(4)一体化成型式化粪池

一体化成型化粪池是近年来常见的形式，其材质分为塑料(图2–15)和玻璃钢(图2–16)两种；其容积、深度、过粪管安装等要符合《农村户厕卫生规范》(GB 19379—2012)。

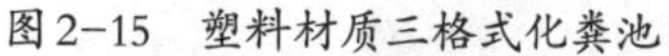
图2-15 塑料材质三格式化粪池

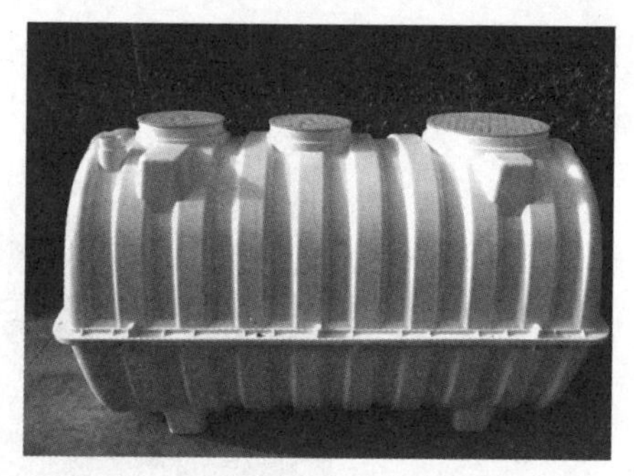

图2-16 玻璃钢材质三格式化粪池

不管是塑料材质还是玻璃钢材质的化粪池，其原材料的性能、池体外观、尺寸与壁厚偏差、力学和密封性能等指标需满足《塑料化粪池》（CJ/T 489—2016）、《玻璃钢化粪池技术要求》（CJ/T 409—2012）与《玻璃钢化粪池选用与埋设》（45S706）等标准中的相关规定。

一体化成型式三格化粪池的上下分体连接处应为四凸式结构，组装时在凹槽内加装防渗垫片或结构胶，确保不渗漏。同时应选用具有防腐蚀性能的螺丝（如不锈钢螺丝）固定。化粪池内应有一次成型的凹槽，便于准确放置和固定隔板。隔板应有抗压能力，两块隔板将池体分成三格，组装时打密封结构胶，固定后防止位移和渗漏。

一体化成型式三格化粪池现场安装注意事项：

①安装三格化粪池上下半体和池内隔板时，应加装密封垫条或打结构胶，确保其整体不渗漏。

②三格化粪池内隔板应与池体牢固、密封连接，确保化粪池内部各池之间无渗漏。

③过粪管可选用PVC或PE等内壁光滑的材料。

④对安装完成的化粪池应进行检查。已安装好的化粪池应放置24~48 h，待结构胶完全干透后对整个系统做抗渗漏检测，确保各连接部位无渗漏后方可进行下个工序的施工。

⑤寒冷地区化粪池覆土深度须大于当地冻土层厚度，一般不超过2.5 m。

一体化成型式三格化粪池现场施工流程：

①放样，参考砖砌化粪池。

②进行地基处理，池坑底部应压实并铺设要求厚度的垫层。

③固定三格化粪池的位置，安装进粪管连通便器。

④进行回填，回填土不得含有砖块、碎石、冻土块等，池坑不得带水回填，回填时还应使化粪池、管道等无损伤、沉降、位移。

2.便器与进粪管

(1)便器

一般采用直通式蹲便器；如果家中有老人或行动不便者，可考虑采用坐便器；在缺水地区，可考虑采用高压冲水便器或舀水冲的便器，也可采用旱水两用的便器。

(2)进粪管

进粪管一般使用塑料等材质，其外表光滑、平整，无凹凸，内壁光滑，外径110 mm左右(内径100 mm)。参考标准：给水用硬聚氯乙烯(PVC-U)管材(GBT10002.1—2006)，也可用高标号的水泥管件。

对于直通式蹲便器使用者而言，需注意以下几点：

①当粪池位于便器下方时，需要安装隔味器或自封器，以防臭味通过便器反流。此情况不需要进粪管。

②若粪池在室外，则需以进粪管与化粪池之间承插连接，并用胶圈等柔性材料密封，进粪管下端出口应距离第一池池壁50 mm，长度应短直且尽量没有拐弯。

③为防止粪水上溅和减少臭气上溢，安装进粪管时可将便器套在进粪管上，并使之略倾斜，从第一池盖板入口中插入粪池。

3.过粪管、排气管

过粪管的材质与进粪管材质相同，一般使用塑料材质，平均外径为110 mm。

(1)过粪管

户厕过粪管有两根，连通粪液从第一池流向第二池，从第二池流向第三池。

过粪管的形状主要有倒“L”形及直接斜插连通管等。直接斜插连通管不容易堵塞，节省管材，但现场施工不容易固定，安装不好容易渗漏；而倒“L”形容易固定，防渗漏效果好，是目前常用形式。

安装过粪管时应注意：进口位置应置于寄生虫卵较少的中层粪液，出口尽量靠近池顶，以保证化粪池的有效高度和容积。过粪管最好分别斜插安装在两堵隔墙上，其中第一池到第二池过粪管下端（粪液进口）位置在第一池下1/3处，上端（粪液进口）在第二池距池顶100 mm左右；第二池到第三池过粪管下端（粪液出口）位置在第二池的下1/3或中部1/2处，上端在第三池距池顶100 mm左右。

③如果采用直接斜插，过粪管与隔墙的水平夹角应呈60°；如果采用倒“L”形，过粪管上口下缘距池顶应为200 mm左右。两个过粪管交错安装，相距较远。

(2)排气管

对三格式户厕，正确安装排气管可以保证化粪池臭气有效排出。安装排气管时应注意：

①排气管的下端设置在第一池顶盖上，或在进粪管上安装一个三通再连接直管，上端高于厕屋顶500 mm，宜设置防雨帽或弯头。尽量不要拐弯，必须拐弯时尽量不用死弯，以保证排风通畅。

②排气管可以放在室外或室内，但如果采用塑料管材，应尽量避免阳光直晒，宜设在室内或背阴的地方。

③要将排气管固定在厕屋墙上，防止风刮或儿童推摇而产生安全隐患。

3.盖板与清粪口

三格式化粪池的池顶应设置盖板。为了清粪方便，盖板均需留清渣口和清粪口，平时用预制小盖密封，出粪时移开。其他注意事项如下：

①砖砌或水泥预制的三格式化粪池的盖板和池盖常用预制钢筋混凝土构件，采用C18混凝土和Ⅰ级钢筋浇筑，混凝土保护层为15 mm（图

2–17)。安装盖板时应用水泥砂浆密封,防止雨水渗入及发酵气体溢出。

图2–17 水泥预制三格式化粪池盖板

②池盖还可用玻璃钢、橡胶等模压,应保证盖板的密封及安全坚固,池盖的形状和规格应与三格式化粪池的清粪口严格对应,紧扣密封。根据当地实际情况,第一池、第三池的盖口为长、宽各300 mm的正方形或直径400 mm的圆形;第二池的盖口分别为200 mm的正方形或300 mm的圆形。

③一体化成型式化粪池配套定制的盖板,应有锁扣装置(图2–18)。

图2–18 一体化成型式三格化粪池盖板

④在寒冷地区,化粪池需要深埋,化粪池顶部距地坪之间的清渣口、清粪口应设置井筒,可用水泥管、波纹管或塑料管制作。池顶上部及井筒应用保温材料覆盖填充。

四 验收要求

1. 材料与产品验收要求

①农村改厕选择的材料设备须是正规生产厂家的合格产品，具有质量鉴定报告，有条件的地区应对材料设备进行现场抽样送检。材料设备的供应根据供货量，宜在《材料采购合同》中明确售后服务。

②厕具（便器、冲厕器具）、化粪池、管材与管件在现场安装前应按照采购要求、相关产品构造及质量标准进行验收。便器的规格、型号必须符合使用要求，排污孔直径应不小于100 mm，并有出厂产品合格证；便器零（配）件的规格应达标，质量可靠，外表光滑，无砂眼、裂纹等缺陷。

③一体化成型式化粪池的外表面及内表面经目测应色泽均匀、光滑平整、无裂纹、无孔洞、无明显瑕疵，且边缘整齐、壁厚均匀、无分层现象。预制式产品尺寸偏差不应超过供需双方的协议要求或出厂图纸中标注的尺寸偏差范围，偏差范围为 ± 20 mm。厚度应使用精度不低于0.02 mm的量具进行测量，其他尺寸使用卷尺测量。

④三格化粪池总容积不小于1.5 m^3，池深不小于1.2 m，过粪管前低后高，不渗不漏。

2. 安装及竣工验收要求

①地基、池坑垫层与化粪池接触均匀，无空隙；化粪池未被挤压变形。

②砖砌式、钢筋混凝土式化粪池整体美观，池壁无干裂或裂缝。

③过粪管的安装位置、连接方式合理，化粪池的各连接部位无渗漏。

④化粪池清渣口、清粪口应加盖密封盖，密封盖应牢固且易于开启及封闭；上沿高于地面5~10 cm，满足防雨水倒灌的使用要求。

⑤寒冷地区的化粪池应设置在冻土层以下，清渣口、清粪口填充保温材料。

⑥厕具（便器、冲厕器具）的安装应平整、牢固，直通式便器下端应有防臭装置。

⑦冲水设备、便器保温层安装合理，保证在当地寒冷季节不影响使用。

⑧排气管安装符合要求，排气通畅，排气管上口应安装防雨罩或弯头。

⑨应按照《给水排水管道施工及验收规范》(GB50268)、《建筑给水排水及采暖工程施工质量验收规范》(GB50242)、《砌体结构工程施工质量验收规范》(GB50203)等规范执行。

3.现场检测方法

(1)隔断渗漏检测

此方法用于检验3个池之间的隔板连接是否严密。具体方法：向中间池(第二格)注水至溢出口(或内挡板上的过粪管接口下边缘)，静置观察中间池的水是否渗漏至前、后二池(通过过粪管流入的不计)。

(2)进粪管渗漏检测

具体方法：封堵进粪管下端口，在便器内注满水，静置观察连接口是否渗漏。

(3)化粪池渗漏实验

将新建或装配的化粪池的3个池内灌满水后浸泡，静置24 h后观察。如水位下降超过10 mm，表明有渗漏，可使用含有防水剂的水泥浆抹面1~2次；如水位上升，说明地下水位较高，有地下水渗入，应采取抗浮措施。

4.建造过程中的常见问题

(1)砖砌式、水泥预制式化粪池常见问题

①化粪池深度和容积达不到要求，如总深度甚至不足1 m，第一池容积不足0.5 m^3。

②过粪管安装角度不符合要求，水平放置或前高后低导致安装倒置；过粪管过短或过长，连接处接缝不严密易出现渗漏，固定不牢容易出现过粪管脱落。

③施工质量(如钢筋用量、水泥强度等级、泥沙配比等)不符合要求，

粗制滥造。

④化粪池盖板不严密、质量差，容易出现粪便暴露，存在安全隐患。

⑤化粪池清粪口、清渣口位置低于周围地面，容易导致积水、雨水倒灌。

（2）一体化成型式化粪池常见问题

①化粪池设计不合格，有效容积和深度达不到标准。

②生产质量不合格，原材料质量差，加工厚薄不均，抗压性、耐腐蚀性等性能指标达不到要求。

③上、下半池连接不合理，容易变形，内外渗漏。

④隔板安装不合理，固定不牢，在水压下变形，池与池之间互相渗漏。

⑤过粪管安装的位置、角度不符合要求，固定不牢固，渗漏。

⑥化粪池盖板质量差，变形，密封不严。

（3）厕屋便器常见问题

①位置距离生活用房远，使用不方便。

②厕屋简单，施工质量差，透风漏雨，尤其寒冷冬季使用不舒适。

③使用粪便暴露的开放式便器，或便器破损；或采用冲水多的非节水便器。

④高压冲水器安装位置不符合要求，没有埋在地下，使用不便。

⑤生活污水通过便器直接进入化粪池。

五 管理与维护

1.使用管理要求

三格式户厕建成使用后，需要按使用要求正确启用并进行日常管理维护。

①启用：新池建成后，确认无渗漏并养护两周方可正式启用，在第一池内注入100~200 L河塘水或井水，水深以高出过粪管下端口为宜。

②控制用水量：大量水进入化粪池，会使粪便稀释不能达到预定的

停留时间，不利于充分厌氧发酵。因此，为保证卫生户厕的粪便无害化处理效果，平常使用时必须控制用水量。一般每次冲水不宜超过2 L。

③及时清理粪皮、粪渣：通常正常使用1年左右需清理粪皮和粪渣，或在使用中发现第三池出现粪皮时，应及时清理。第一池取出的粪渣和粪皮，须经堆肥处理后才可作底肥施用。禁止向第二、三池倒入新鲜粪液和取第一、二池粪液用于农田施肥。第三池贮存的粪液呈清褐色，液面上有一层薄膜，说明已无害化，可取出粪水用作肥料。

④定期检查：平时应盖严化粪池的盖板，定期检查过粪管是否阻塞。在清渣或取粪水时，不得在池边点灯、吸烟或燃放爆竹，以防止粪便发酵产生的沼气遇火爆炸。

⑤应分管道收集排放生活污水与粪便污水，避免将卫生间的洗澡水、洗衣水等排入三格化粪池。

⑥厕屋内配备必要的设备与清洁工具，如卫生纸盒、便纸篓、扫帚，以及刷子、盛水容器、照明设施等。

2.使用管理中常见问题

如果管理不善或不按要求进行维护，则会产生卫生厕所不干净、粪便处理达不到无害化要求等问题。常见问题如下：

①第一次使用时未加水，平时冲水量太小，导致粪便不能充分分层和厌氧发酵，进入第三格的粪液达不到无害化要求。

②冲水量过大或将其他生活用水排入化粪池，导致厌氧发酵不充分、时间不够，达不到无害化要求。

③粪便直接倒入第三池。

④粪池满了不及时清掏，造成粪污在周围溢流，污染环境。

⑤粪皮、粪渣清理后不处理而直接施肥。

⑥清掏时一次将三个池全部清理干净去施肥。

⑦粪液不利用，直接排放或清掏后排放到附近低洼处甚至水体。

⑧厕具损坏不及时维修，如便器、化粪池、高压冲水器等。

⑨寒冷地区保温措施不足，粪液冻结，导致系统无法正常使用。

第六节　三瓮式水冲卫生户厕

除了三格式户厕外，三瓮式水冲卫生户厕也是我国农村改厕推荐模式之一，其中三瓮化粪池是三瓮式水冲卫生户厕的核心组成部分，当前在我国部分农村地区有所应用。三瓮式水冲卫生户厕是由双瓮式户厕演变而来，故本节首先对双瓮式户厕进行简要说明，而后对本团队研发的无害化三瓮化粪池水冲卫生户厕的设计、施工和验收进行介绍。

一　双瓮式户厕

1.原理与流程

(1)卫生学原理

双瓮式户厕原理与三格式户厕相同，由粪水混合液形成厌氧环境，厌氧发酵降解有机物，改变微生物生存环境，具有杀灭病菌和虫卵的作用，粪皮和粪渣中的虫卵被沉降、溢流或杀灭，中层腐熟的无害化粪液得到利用。

(2)流程

新鲜粪便由进粪口进入前瓮，与瓮内粪尿水混合物开始发酵分解，经过30 d以上的作用，粪液因密度不同可自然分为三层：上层为糊状粪皮，下层为块状或颗粒状粪渣，中层为比较澄清的粪液。发酵好的中层粪液经过粪管溢流至后瓮，大部分未经充分发酵的粪皮和粪渣阻留在前瓮内继续发酵。流入后瓮的粪液已基本达到无害化的要求，可以供农田施肥之用。

2.主要结构

双瓮式厕所由地上和地下两部分组成：地上部分有厕屋、便器、排气管、化粪池盖板；地下部分有进粪管、过粪管、瓮形化粪池（图2–19）。

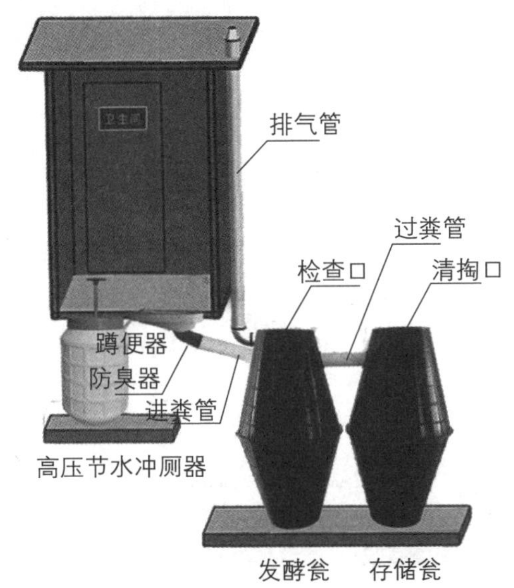

图2-19　双瓮式户厕结构示意图

(1)厕屋、便器

早期的便器置于前瓮的上口,不用水泥固定,安装前在前瓮的安装槽内垫1~3层塑料薄膜,可随时提起,以方便从前瓮清渣。现在常见的便器安装方式与三格式户厕相同,即前瓮建于厕室地下,也可将前瓮埋在厕室外地下,便器下面连一根进粪管,连通到厕室外的前瓮内(图2-20)。

图2-20　水泥预制半瓮体接合实物图

(2)瓮形化粪池

瓮形化粪池是此类型厕所最重要的组成部分,可以将两个化粪池设在室内,也可以一个设在室内、一个设在室外(图2-21),或都设在室外。

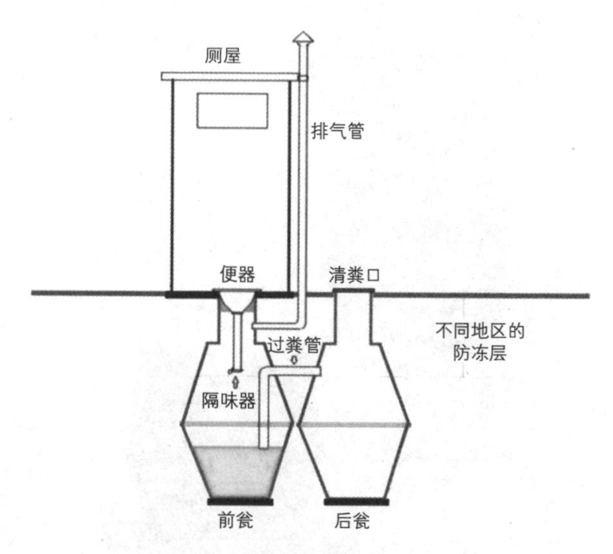

图2–21　瓮形化粪池布局示意图

瓮形化粪池通常是瓮中间肚大，上口与下底小，利于厌氧发酵。在《农村户厕卫生规范》(GB 19379—2012)中，对两个瓮的容积与深度要求不同，具体要求如下：

①每个瓮形化粪池的容积不小于0.5 m^3。

②深度不小于1500 mm。

③一般瓮腹内径为800 mm，瓮口内径为360 mm，瓮底内径为450 mm。

考虑生产、运输及安装的实际情况，也可采用两个尺寸相同的瓮体。

在寒冷地区，考虑冬季气温低，需要防冻，且不需取用粪肥，可采取如下改进措施：

①适当扩大两个瓮的容积，增加无害化处理时间，延长清掏周期。

②采取防冻保温措施，如适当增加埋深，瓮体加脖。

③增加瓮体数量，变成三瓮或更多瓮体的串联。

二　无害化三瓮化粪池水冲卫生户厕

三瓮化粪池是指在双瓮化粪池的基础上增加一个瓮，形成前、中、后3个瓮(图2–22)。这样的改进可以提升无害化效果，增加使用人数。其中，针对男女分厕的家庭，甚至可以设置两个前瓮，通过两个进粪管进入同一个后瓮中。

图2-22　三瓮化粪池构型图

本团队对市面上的三瓮化粪池进行深入研究后，对其强度、密闭性及管道布设方式均进行了优化，随之研发了无害化三瓮化粪池水冲卫生户厕（图2-23），该工艺的相关说明如下。

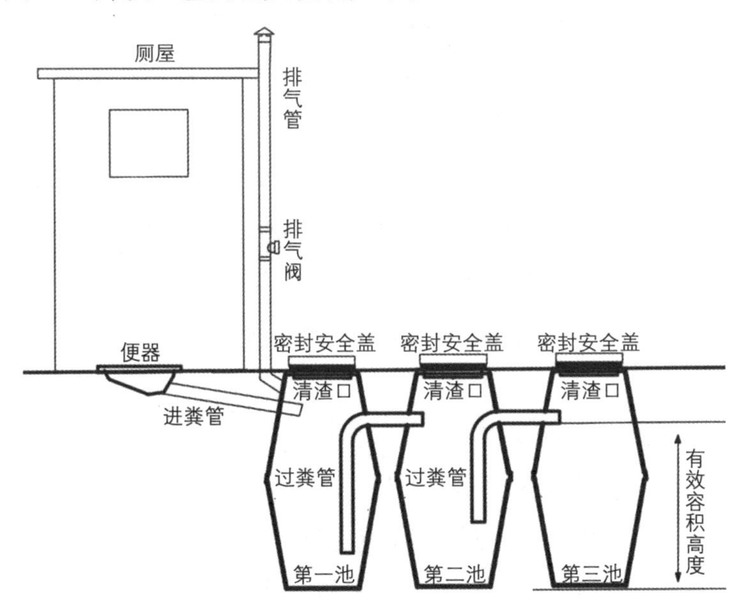

图2-23　无害化三瓮化粪池水冲卫生户厕构造示意图

1.设计

(1)选址

①厕屋应进院入室，优先建在室内。庭院内的独立式厕屋应根据庭

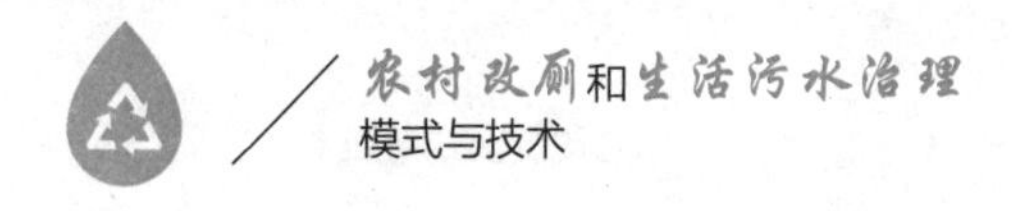

院布局合理安排，方便如厕，与厨房形成有效隔离。

②化粪池应避开低洼和积水地带，远离地表水体。

③化粪池应建造在靠近厕屋的位置，确保过粪管短而直，并留足清掏空间。

④化粪池应与房屋保持适当距离（≥500 mm）以保证房屋主体安全，避开厨房等敏感环境。

（2）厕屋、卫生洁具

按《农村三格式户厕建设技术规范》（GB/T 38836—2020）中的规定执行。

（3）三瓮化粪池

①基本结构

第一池、第二池、第三池容积比宜为1∶1∶1。第一池和第二池中粪污的有效停留时间之和应不少于30 d。

第一池、第二池、第三池的深度应相同，总深度应不小于1400 mm，有效深度宜为1200 mm。

进粪管应内壁光滑，内径不宜小于100 mm，避免拐弯。进粪管铺设坡度不宜小于20%，水平距离宜为1200~2000 mm，应和便器排便孔密封紧固连接。水平距离超过3000 mm时，应适当增加铺设坡度。进粪管与化粪池第一池连接口上沿距池上沿宜为50~100 mm，出口水平超出池壁宜为50 mm。

过粪管应内壁光滑，内径不宜小于100 mm，呈倒“L”形，开口于有效容积池深的下1/3处，过粪管溢出口上沿比进粪管溢出口上沿低30~50 mm。三瓮化粪池的两个过粪管的排列应根据地形设置。

排气管宜安装在第一池靠墙位置，或在进粪管上采取三通方式靠墙位置固定，内径不宜小于50 mm。排气管与化粪池连接部位下沿应比进粪管上沿高。排气管应高于户厕屋檐或围墙墙头500 mm，如设置在其他隐蔽部位，应高出地面2000 mm以上。排气管中部离地面高度1000 mm处宜加装自动排气调节阀，顶部加装伞状防雨帽或“T”形三通。

第一池和第二池顶部应设置清渣口，第三池顶部应设置清粪口。清渣口应加装密封内盖和防雨水倒灌安全外盖，清粪口应加装开启方便、严实的内盖和防雨水倒灌安全外盖。清渣口和清粪口开口直径应不小于200 mm，清粪口可根据清掏方式适当扩大，宜为400~450 mm。清渣口和清粪口应高出地面50~100 mm。化粪池埋深或顶部覆土时应加装井筒。

②选型

应根据实际情况，合理选用不同容积、不同材质的三瓮化粪池。容积选型见表2-2。

表2-2　三瓮化粪池容积表

厕屋使用人数/人	≤3	4~6	7~9
容积设置/m³	≥1.5	≥2.0	≥2.5

③质量要求

按《农村三格式户厕建设技术规范》(GB/T 38836—2020)中的规定执行。

2.施工

(1)厕屋

厕屋施工应按照国家房屋建筑工程施工相关标准要求执行。

基于原有房屋开展农村三瓮化粪池水冲卫生户厕改造，应保留房屋主体结构，不应破坏房屋原有基础。

装配式厕屋预制件间的连接应牢固可靠，接缝严密。

厕屋应根据设计要求预留给排水设施空洞，并与卫生洁具安装相协调。

(2)卫生洁具

应根据厕屋与化粪池的布置及使用需求，合理确定便器与冲水器具的布置，便器下口中心距后墙不小于300 mm，距边墙不小于400 mm。

便器安装时，应将卫生洁具及管道内的杂物及时清除；便器与冲水器具、进粪管应连接紧密，便器装稳后应加以保护。

管道施工应符合《给水排水管道工程施工及验收规范》(GB 50268—2008中的规定。

(3)化粪池

①组装

三瓮化粪池进粪管、过粪管尺寸、安装位置应分别符合相关要求，连接处应密封、牢固、不渗漏。

上下池体连接处须设有扣槽，将结构胶、密封条、螺栓、螺丝等材料连接牢固，接缝应严密、不渗漏。

组装完成后，应进行池体密封实验。

②基坑开挖与垫层施工

按照化粪池大小，在所选定的化粪池位置量好尺寸并打上石灰线。坑应与相邻原建筑物基础保持一定距离。容积为1.5 m^3的三瓮化粪池基坑的尺寸宜为2.6 m(长)×1.1 m(宽)×1.4 m(深)，要求池坑放置前瓮的地方与厕屋保持距离最近。

根据土质、基坑深度、地下水位等情况采取不同基坑开挖方式及防护措施。

基坑开挖时，应采取防护措施，防止边坡塌方。对软土、沙土等特殊地基条件，应采取换土等地基处理措施，达到不沉降的要求。

坑底应整平，夯实素土，在素土上用100 mm厚的碎砂石层夯实，再用C20~C25混凝土浇筑且厚度不小于100 mm。

地下水位较高或雨季施工时，应做好排水措施，防止基坑内积水和边坡坍塌。

③安装

三瓮化粪池应平稳安装在基坑内的垫层上，其位置应便于进粪管安装。地下水位较高时应采取抗浮措施。

进粪管连接应密封不渗漏。

三瓮化粪池的过粪管，清渣口、清粪口盖板和排气管的安装按设计的规定执行。

三瓮化粪池安装完成后，应冲水检验冲便效果以及便池、管道、三瓮化粪池的连接密封性能。

④基坑回填

化粪池安装完成后，分别往三组瓮内注入20 L左右的清水，然后安装好第一瓮、第二瓮的密封内盖，第三瓮清掏内盖，随后及时回填基坑。宜采用原土在化粪池四周对称分层密实回填，回填到瓮体顶部时，加装安全外盖。回填土应剔除尖角砖、石块及其他硬物，不应带水回填。

基坑回填时，应防止管道、卫生洁具、化粪池发生位移或损伤。

基坑回填后，施工作业面应做混凝土硬化或绿化。混凝土硬化厚度不低于100 mm，硬化面与安全外盖平面应保持平整，安全外盖开口高出硬化面应不小于20 mm。

3. 验收

按照设计和施工要求对化粪池的构造、尺寸和质量等进行验收。

查看生活杂排水与粪污的分离收集情况。

正常使用1个月后，通过第三瓮清粪口观察储粪池粪污厌氧发酵效果，无粪皮漂浮，同时观察每瓮应无蚊、蝇蛆，且按照《农村户厕卫生规范》(GB 19379—2012)的规定检测卫生指标执行。

第三章 农村生活污水处理模式与技术

第一节 农村生活污水处理模式

一 集中处理模式

集中处理模式，即将所有住户产生的污水集中收集，统一建设污水处理设施，通常采用自然处理和常规生物处理等工艺形式。

二 分散处理模式

分散处理模式，即按照分区对污水进行收集，单独处理，通常采用中小型污水处理设备处理或自然处理等形式。

三 庭院式处理模式

庭院式处理模式主要是针对单独的住户建设三格化粪池。三格化粪池将粪便的收集、无害化处理在同一流程中进行，由便池蹲位、连通管和三个相互连通格室的密封粪池组成。

四 就近接入市政管网统一处理模式

就近接入市政管网统一处理模式，即村庄内所有农户污水经污水管道集中收集后，统一接入邻近市政污水管网，利用城镇污水处理厂统一处理村庄污水。

第二节　农村生活污水处理技术选用原则

农村生活污水处理必须满足技术、经济、维护和管理等方面的要求，并尽量能与当地的地域特点、人文风俗及经济发展水平相结合。

一　技术可行，废水回用

我国农村生活污水的成分日益复杂且水质、水量波动性很大，因此，在处理农村生活污水时，必须选择具有较强的抗冲击负荷能力且能有效去除污染物的处理技术，使出水能达到国家和地方相关的排放标准。同时，处理后的污水要尽量考虑回用要求，从而实现保护水环境与节约水资源的双重目的。污水处理也只有在考虑回用的情况下，才能与当地的农业相结合，形成污水回用与再利用的生态农业模式，实现污水的无害化和资源化。

二　经济合理，管理费用低

农村生活污水处理技术的选择必须考虑当地的经济发展水平及当地农村的经济承受能力，处理构筑物、设备应尽量经济，其运行管理费用也应尽量低廉。如果生活污水处理设施的运行管理费用过高，会使资金的及时投入受到影响，从而使污水处理设备不能正常运行，成了一种摆设。当然，在处理和设施方式的选用上也不能一味追求简便、低廉的技术和工艺，否则就会使处理效果不理想、环境质量无法得到保证。因此，应根据当地的具体情况，选用性价比高的农村生活污水处理技术。

三　循序渐进，分期实施

农村生活污水处理设施的建设应根据当地的经济承受能力和自然生态条件等循序渐进地进行，必要情况下可考虑分期实施。如山区等经济条件相对落后、地形条件复杂的地区，可考虑先期建设三格化粪池等初级处理构筑物，待经济条件提高后，再考虑建设适合当地经济条件和处理要求的后续处理构筑物。

四 操作简便，管护简单

目前，我国广大农村地区存在污水处理设施管理机构不健全、管理人员素质不高、专门技术人员不足等问题，因此应注重选用简便易行、运行稳定、维护管理方便、利用当地技术和管理力量能够满足正常运行需要的污水处理技术。

第三节 国外农村生活污水处理技术

一 澳大利亚的“非尔脱”污水处理系统

澳大利亚科学和工业研究组织（CSIRO）的专家于最近几年提出一种“过滤、土地处理与暗管排水相结合的污水再利用系统”，并称其为“非尔脱”高效、持续性污水灌溉新技术（图3-1），其主要是利用污水进行农作物灌溉，通过灌溉土地处理后，再用地下暗管将其汇集和排出。该系统一方面可以满足农作物对水分和养分的需求，另一方面可以降低污水中的氮、磷等元素的含量，使之达到污水排放标准。其特点是过滤后的污水都汇集到地下暗管排水系统中，同时该系统设有水泵，可以控制排水暗管以上的地下水位及处理后污水的排出量。

图3-1 “非尔脱”污水处理系统示意图

澳大利亚CSIRO

与我国水利水电科学院和天津市水利科学研究所合作，曾在天津市武清县建立试验区，试验区总面积为20000 m^2，暗管埋深1.2 m，暗管间距为5 m和10 m，引取初级处理后的污水和沿途汇集的乡镇生活污水灌溉小麦。试验表明，97%~99%的磷通过土壤及农作物的吸收而被除去，总氮的去除率为82%~86%，生物耗氧量的去除率为93%，化学需氧量的去除率为75%~86%，排水暗管的间距越小，去污效率越高。上述中澳双方试验研究成果，在澳大利亚农业研究中心的主持下，于2000年12月在北京通过鉴定。

"非尔脱"系统对生活污水的处理效果好，其运行费用低，特别适用于土地资源丰富、可以轮作休耕的地区，或是以种植牧草为主的地区。该系统实质上是以土地处理系统为基础，利用污水灌溉农作物。人们担心长期使用污水灌溉，污水中的病原体会进入土壤，污染农作物。但大量调查和试验表明，土壤–植物系统可以去除城市污水中的病原体。国内外研究专家一致认为，处理后的城市污水适宜灌溉大田作物(旱作和水稻)。因为大田作物的生长期长、光照时间长，病原体难以生存；而蔬菜等食用作物生长期短，有的还供人们生食，则不宜采用污水灌溉。此外，这种处理方法受作物生长季节限制，非生长季节作物不灌溉，污水处理系统就不能工作。暗管排水系统在我国多用于改良盐碱地和农田渍害，一般造价较高，若用于处理生活污水，还需修建控制排水量的泵站，则造价更高，推广应用起来有一定困难。

二 韩国的湿地污水处理系统

受地形所限，韩国农村居民居住较为分散，不宜兴建集中式的污水处理系统，故简易的分散式污水处理系统更适合在韩国农村应用。其中，湿地污水处理系统因其投资运营费用低、污水处理效果好等优势，目前在韩国农村地区得到了较为广泛的应用。

韩国国立汉城大学农业工程系学生在田间对湿地污水处理系统进行了试验。该湿地污水处理系统为混凝土材质，长8 m、宽2 m、高

0.9 m。反应装置内填沙并种植芦苇。湿地污水处理系统的进水为农村生活污水，其pH为7.85，DO为0.23 mg/L，BOD为24.35 mg/L，SS为52.36 mg/L，TN为121.13 mg/L，TP为24.23 mg/L。污水经过湿地系统处理后，出水用于灌溉水稻田。

试验结果表明，湿地污水处理系统可高效去除农村生活污水中的污染物，其出水回用于农用后，对水稻的生长和产量无负面影响；另外，利用处理过的污水灌溉，并加施肥料，水稻产量达5730.38 kg/hm^2，比对照组高约10%。

韩国试验研究的湿地污水处理系统实质上属于一种土地-植物系统，至今已被广泛用于欧洲、北美、澳大利亚和新西兰等地区。湿地上多种植芦苇、香蒲和灯心草等，对病原体的去除效果好，但其缺点是需要大量土地，并要解决土壤和水中的充分供氧问题，且受气温的影响较大。

三 日本的农村生活污水处理系统

日本农村生活污水处理协会主要负责日本乡镇污水处理的技术发展工作，研发了一系列适用农村城镇的污水处理设备，比如其研制的基于JARUS模式的15种不同型号的污水处理装置，采用物理、化学与生物措施相结合的方式处理污水，取得了理想的净化效果。这15种不同型号的污水处理装置可分为两大类。一类是采用生物膜法，通过在滤料表面培养生物膜去除流经此滤层的污水中的污染物，农村生活污水经此类装置处理后，其中的有机物浓度可降至20 mg/L以下，SS浓度可降至50 mg/L以下，TN浓度可降至20 mg/L以下。另一类是采用活性污泥法，通过活性污泥中功能微生物的生成及代谢作用，可使农村生活污水中的有机物含量（以BOD_5计）下降到10~20 mg/L，SS下降到15~50 mg/L，COD下降至15 mg/L以下，TN下降到15 mg/L以下，TP下降到3 mg/L以下。

日本自1977年实行农村污水处理计划以来，至1996年年底已建成约2000座小型污水处理厂。日本农村污水处理协会设计并研发的污水处理装置体积小、成本低、操作运行简单，十分适用于农村。一般的污水处理厂可处理1000人左右产生的污水，最大的厂可处理10000人左右产生的污水。处理后的污水水质稳定，大多灌溉水稻或果园，或将其排入灌排渠道，稀释后再灌溉农作物。污水中分离出来的污泥经脱水、浓缩和改良后，运至农田作为有机肥。

四 美国的高效藻类塘系统

美国加州大学伯克利分校的Oswald教授研发的高效藻类塘（图3–2）是对传统稳定塘的改进，其充分利用菌藻共生关系对污染物进行处理。正因其最大限度地利用了藻类产生的氧气，塘内的一级降解动力学常数值比较大，故将它称为“高效藻类塘”。

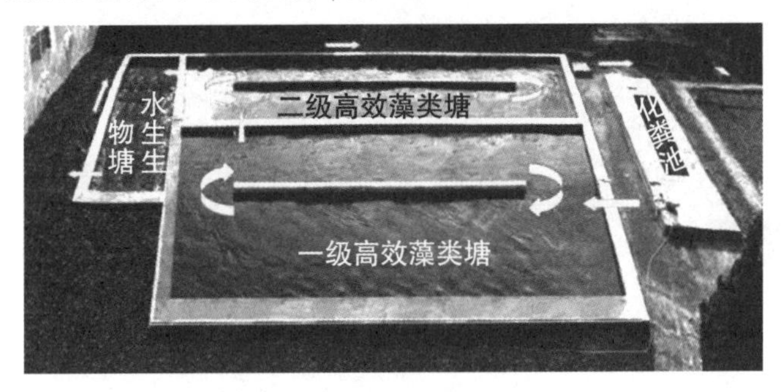

图3–2　高效藻类塘示意图

与传统的稳定塘相比，高效藻类塘的水力停留时间短，占地面积更小，而且其对有机物、氨氮和病原体等污染物的去除效率更高。若高效藻类塘后串联的是高等水生生物塘，则其中的水生生物不但可以除藻，降低出水的悬浮固体含量，而且能进一步去除水中的氮磷营养盐，同时收割的高等水生植物可以作为优良的饲料和肥料。高效藻类塘的缺点是其受环境因素影响明显。温度过高或较低时，藻类的生长受到抑制，从而影响处理效果。

目前高效藻类塘在以色列、摩洛哥、法国、美国、南非、巴西、比利时、德国、新西兰等国都有研究应用。国内相关学者对高效藻类塘进行了中试研究，结果表明：高效藻类塘在处理污水时，其COD平均去除率为75%，BOD平均去除率在60%左右，氨氮平均去除率高达91.6%，凯氏氮平均去除率为75%,总磷平均去除率为50%左右,高效藻类塘的出水经过水生生物塘处理后,COD的总去除率可达87.5%,氨氮的总去除率可达97.48%,总磷的总去除率能达到约80%。

五 荷兰的一体化氧化沟

一体化氧化沟是一种集曝气、沉淀、泥水分离、污泥回流等功能于一体的污水处理设施(图3-3),适用于中小型污水处理厂。1954年由Pasveee教授在荷兰Voorfshoten研制成功。

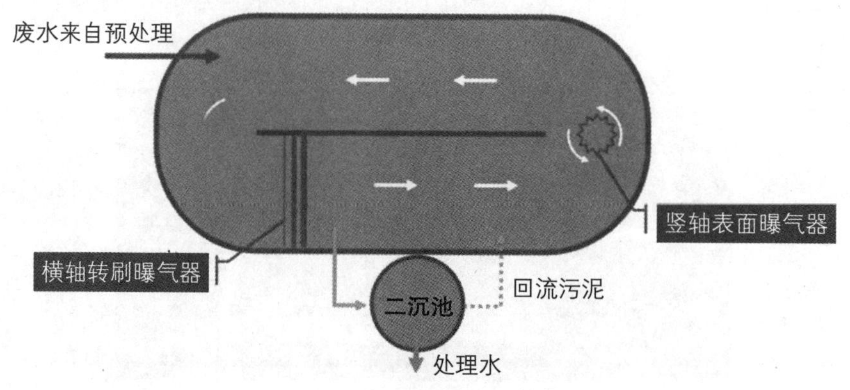

图3-3 一体化氧化沟示意图

一体化氧化沟具有流程短、构筑物和设备少、投资运营费用低、占地少且管理简便等优点。该工艺处理效果稳定可靠,BOD_5和SS去除率超过90%,COD去除率在85%以上。该工艺不易发生污泥膨胀,产生的剩余污泥量比较少,污泥性质稳定、易脱水,避免了二次污染。

一体化氧化沟有以下缺点:难以形成功能相对独立的厌氧、缺氧和好氧区域,除磷脱氮的稳定性较差;固液分离器内斜板(或类似组件)强化了分离效果,但由于污水污泥具有黏稠性,且易形成生物黏膜,斜管或斜板有堵塞和淤积的可能,会增加维护工作量;由于污水流量和本质的变化,氧化沟内的流速和出流量总是变化的,污泥层难以稳定,有可能出现浮泥,增加出水的SS含量。

据1987年统计,美国已有92座合建式氧化沟,较有代表性的是联合工业公司的船式沉淀器田(BOAT)、Annco环境企业公司的BMTS系统、EIMCO公司的Carrousel渠内分离器、Lakeside设备公司的边墙分离器及Lightnin公司的导管式曝气内渠和边渠沉淀分离器,此外,还有Envirex公司的竖直式氧化沟。该技术在国内也被广泛应用。山东高密污水厂、河南安阳污水厂、四川国群食品有限公司、四川成都城北污水处理厂、四川新都污水处理厂、河北邢台南小汪污水处理厂等都采用一体化氧化沟技术,且取得良好的污水处理效果。

六 法国的蚯蚓生态滤池

蚯蚓生态滤池(图3-4)是根据蚯蚓具有提高土壤通气透水性能和促进有机物质的分解转化等功能而设计,是一种既可高效、低能耗地去除城镇污水中的污染物质,又能大幅度降低剩余污泥处理和处置费用的全新概念的污水处理技术。

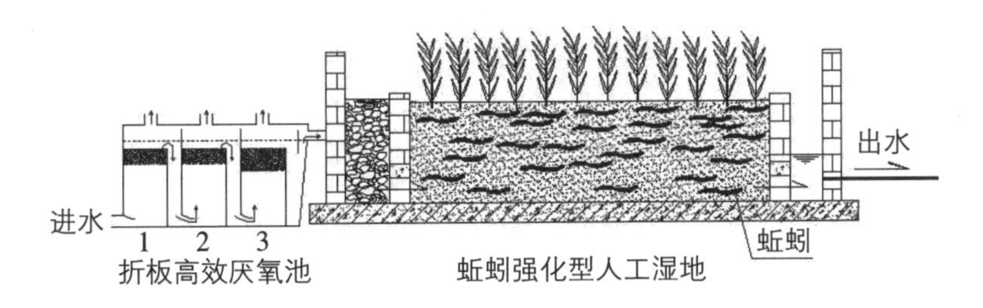

图3-4 蚯蚓生态滤池示意图

生态滤池处理系统具有以下优点:集初沉池、曝气池、二沉池、污泥回流设施及供氧设施等于一体,大幅度简化了污水处理流程;运行管理简单方便,并能承受较强的冲击负荷;处理系统基本不外排剩余污泥,其污泥产率大幅度低于普通活性污泥法;通过蚯蚓的运动疏通和吞食增殖微生物,解决传统生物滤池所遇到的堵塞问题。但是,蚯蚓的生活习性受温度影响明显,当低于或高于一定温度时,蚯蚓会冬眠或夏眠,故该系统在蚯蚓冬眠或夏眠时的污水处理效果不理想,滤池的填料易发生堵塞。

蚯蚓生态滤池污水处理技术最早在法国和智利研究开发,当前国外已开始产业化应用。在国内，上海已进行中试，结果表明：生态滤池COD去除率为83%~88%，BOD5去除率为91%~96%，SS去除率为85%~92%，氨氮去除率为55%~65%，总磷去除率为35%~65%，污泥总产率为0~2 mg/L。

七 土壤毛细管渗滤处理系统

土壤毛细管渗滤处理系统（图3–5）特别适用于污水管网不完备的地区，是一项处理分散排放的污水的实用技术。被输送到渗滤场的污水先经布水管分配到每条渗滤沟，渗滤沟中的污水通过砾石层的再分布，在土壤毛细管的作用下上升至植物根区，污水通过土壤的物理、化学、微生物的生化作用和植物的吸收与利用得到处理和净化。

系统具有以下优点：运行稳定、可靠，抗冲击负荷能力强，对BOD_5、氮、磷去除率大；维护简便，基建投资少，运行费用低；整个系统设置在地

图3–5 土壤毛细管渗滤处理系统示意图

下，不会散发臭味，地面草坪还可美化环境；大肠杆菌去除率高；污水的储存、输送等过程均在地下进行，热损失较少，在冬季仍能保持一定温度，维持基本的生化反应，保证较稳定的去除效果。但该系统也存在一些缺点，如对总氮的去除效果不显著、占地面积大、有可能污染地下水等。有研究人员通过试验发现，该系统对生活污水中的有机物、氮磷和总磷具有较高的去除率，COD去除率大于80%，BOD_5去除率大于90%，NH_4^+-N去除率大于90%，TP去除率大于98%。

八 "LIVING MACHINE"生态处理系统

近年来，在美国、加拿大、英国、澳大利亚等国家出现了一种名为"LIVING MACHINE"的污水生态处理系统，该系统适用于农村生活污水的处理。其技术基础是活化技术，即采用多种生物形式在人工装置中建立新的物种联系，从而进行某种净化处理。

加拿大多伦多市的一个污水处理厂内就建有这样的一个处理系统。它的设计和施工的原则均是利用自然生态系统将污水净化，是一个较为完善的生态系统。在这个系统中，设计者将很多种类的动植物集中在一起，使之形成一个连续反应的封闭循环，反应箱和反应池包含了细菌、藻类、植物、鱼类等多种生物有机体。这些有机体通过一系列的反应减少污水中的营养体和病原体，并使它们消化在一个连续的食物链中。这些植物包括桉树、杜松、小香蕉树、月桂、樱草、薄荷树及紫草科植物等。

当"LIVING MACHINE"生态处理系统运行时，污水首先进入封闭在地下的无氧箱，一段时间后进入有氧箱，空气由底孔吹入，在此条件下，氨氮在细菌的作用下分解为硝化物，之后流入生物综合池。池内的藻类、单细胞有机体、鱼类、水生及沼泽植物等一系列丰富的生物混合体将对水中的营养物继续分解，随后污水流经地下湿地，通过植物根系作用及砂石的过滤，硝化物在此转变为氮气，污水被初步净化。这种污水处理的生态系统具有美观、耐用、体积小、费用低的特点。

第四节 国内农村生活污水处理技术

一 厌氧生活污水处理技术

1.生活污水净化沼气池

生活污水净化沼气池是一种小型分散化污水处理装置(图3-6),适用于排污管网不健全、没有污水集中处理厂的经济欠发达地区。该污水处理系统具有以下优点:可就近处理,运行费用低;不需专人管理;采用地下自流形式,不占地且耗能低等优点,其在我国华东及华南地区受到越来越广泛的重视。生活污水净化沼气池是在化粪池和沼气池的基础上发展起来的,解决了化粪池处理效果差、沉积污泥多、沼气池沼气回收率低的弊端。

图3-6 生活污水净化沼气池示意图

(1)适用条件

该技术通常适用于冬季地下水温能保持在5℃以上的地区,或在池上建日光温室能够升温达到这个温度的地区。该技术不仅适合直接处理农村生活污水,还适合处理高浓度的畜禽养殖废水和粮食加工废水。污水经处理后达到国家污水排放标准,可直接用于农田灌溉或排入江河水域。

(2)工艺流程及功能

生活污水净化沼气池分为分流制和合流制两种,区别在于粪便污水和其他生活污水是否共用同一管道。分流制工艺采用不同的管道来输送生活污水和粪便污水,成本较高,所以在居民户数较多、人口分布较集中的小城镇应用较普遍;合流制工艺成本较低、施工方便,很适合在广大农村推广普及。这两种工艺虽然所用池型不同,但工艺步骤均为生活污水-格栅截流井-沉砂井-前处理区-后处理区-排出或接好氧处理。

在前处理区,厌氧发酵处理污水中的有机质,延长粪便在装置中的滞留时间。如果污水量较大,可以在前处理区内挂上填料作为微生物的载体,发挥厌氧接触发酵的优势。

前处理区的有效池容占总有效池容的50%~70%,池的几何形状可根据地理位置设计修建,池内有隔墙,以延长污水的滞留期;池的底部深浅不同,这样便于污泥、沉降的有机物和虫卵回流集中,经过充分降解并消灭虫卵;同时,在前处理区的出水口还设有过滤器,可以进一步过滤污水中的悬浮物。前处理区可分2级,设计成2座密闭的圆柱形沼气池,在该区进行厌氧分解、泥水分离。

后处理区应用上流式过滤器进行兼性消化,通过多级过滤与好氧分解,使污水获得进一步处理,达到国家污水综合排放标准。

根据现场地形情况,整个生活污水净化沼气池可以设计成条形、矩形和圆形等多种池型。例如,有些地方将前处理池设计成圆形池,与家用水压式沼气池相似,后处理池采用矩形池或圆形池。实践证明,这样可以方便施工和有效收集沼气。虽然池型不同,但它们都由预处理区、前处理区和后处理区构成,处理效果接近。

(3)工艺优缺点

生活污水净化沼气池建设成本低,能有效去除废水中大部分污染物,具有较高的环境效益和经济效益。它将污水处理及其利用有机结合,实现了污水的资源化。污水中的有机物经厌氧发酵产生沼气,发酵后大部分有机物能从污水中被除去,实现了净化目的;产生的沼气可作为浴室和家用炊事能源;厌氧发酵处理后的污水可用作浇灌用水和景观用水;农村有大量农作物秸秆和人畜粪便等原材料,可用于沼气发酵;经过厌氧发酵后的粪便污水(沼液、沼渣),其氮、磷、钾营养成分没有损失,且转化为植物可直接利用的生态养分——农用沼肥,可替代部分化肥;沼气池工艺简单、建设成本低,一户约需费用1000元,运行费用基本为零,适合于农民家庭采用;而且,结合农村改厨、改厕和改圈,可将猪舍污水和生活污水合并处理,把在沼气池中经厌氧发酵后的沼液作为肥料,或沼液经管网收集后集中净化,出水水质达到国家标准后排放。

厌氧沼气池技术的应用也有其局限性。厌氧沼气池主要适合高浓度生活废水处理,以沼气、沼液和沼渣的形式回用处理产物。但当生活废水中的有机物浓度过低时,会导致系统产气效率低,且沼气纯度降低,沼气量少,热值低,给生产及生活用气造成影响。此外,当冬季气温较低时,该工艺的处理效率也会降低,出水难以实现达标排放,需要对沼气池进行安全过冬管理。

2.地埋式无动力生活污水处理装置

地埋式无动力生活污水处理装置(图3-7)采用生活污水自流的方式,应用厌氧生物膜技术及推流原理,采用内装固定填料的地下厌氧管道式或折流式反应器装置唯一的处理设备,利用附着于填料表面或悬浮的专门驯化专性厌氧或兼氧微生物去除生活污水中的有机污染物、病原菌和部分氮、磷,从而达到净化生活污水的目的。无动力厌氧生物膜技术的工艺流程简单,低能耗,且装置全部埋于地下,不占地表,也无须专人管理。无动力农村生活污水厌氧生物处理技术及设备可以有效地去除农村生活污水中的有机物质,当水力停留时间为1 d,出水COD≤100 mg/L,BOD_5≤35 mg/L,SS≤20 mg/L,可以稳定地达到污水综合排放标准(GB 8978—1996)中的二级排放标准。与好氧生物处理相比,设备的基建投资可能略高于好氧处理(在流量小于100 t/d时,投资基本相等),但无日常运行费用(包括电费和人工费等)的支出,2~5年后节约的运行费用可在一定程度上抵消基建投入,该技术设备的优势将得到充分体现。目前，该技术设备已在浙江省、重庆市、山东省、山西省、上海市等地的400多个农村成功应用并取得了满意的效果，可广泛应用于农村及城市生活污水的处理。

图3-7　地埋式无动力生活污水处理装置实物图

二 好氧/兼氧生活污水处理技术

好氧生物处理技术是微生物在有氧气供给的情况下进行污水净化的过程，兼氧生物处理中的溶解氧浓度介于好氧和厌氧生物处理之间。目前常用的生物滤池技术是由土壤净化原理发展起来的一种普通生物膜处理法，由于生物膜厚度的影响，生物膜会形成外部好氧、内部兼氧甚至厌氧的情况，使该技术兼有好氧和兼氧处理的特点。其中，生物膜内的限氧条件会强化反硝化作用，实现总氮的脱除。

1.升流式曝气生物滤池（UBAF）

升流式曝气生物滤池（图3-8）是在欧洲发展起来的新型好氧生物污水处理技术，可有效去除SS、COD、BOD、NH_4^+-N等。其工艺原理是在滤池内部装填粒状陶料，其表面长有生物膜，污水自下而上流过滤料层，池底则提供曝气，气-水同向上流，使废水中有机物得到降解和硝化的同时，能有效截留废水中的悬浮物，无须再设二沉池，大大节省了池容和占地面积。目前，世界各地已建有数百座采用UBAF技术的污水处理厂。但此类好氧生活污水处理技术需要动力供氧，运行费用高，管理不便，因此，在我国农村较难推广。而近年来发展起来的自动充氧工艺技术能克服动力供氧的缺陷，如跌水充氧接触氧化池和蚯蚓生态滤池等。

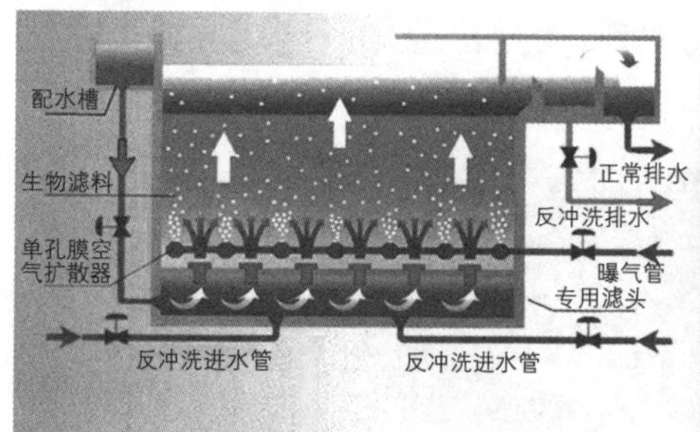

图3-8 升流式曝气生物滤池示意图及实物图

(1)跌水充氧接触氧化池

适用条件：主要适用于相对集中型农村，尤其适用于具有天然地势的农村地区。该技术通常针对污水水质浓度较高和出水指标要求较高的区域，作为前置预处理，通过与其他工艺组合，如厌氧-跌水充氧接触氧化-人工湿地组合工艺，使污水达标排放。

工艺装置及特点：污水由厌氧池提升进入第一级跌水充氧接触氧化池，经过出水堰和出水挡板跌落于多孔跌水挡板跌水充氧后，进入下一级跌水充氧接触氧化池，完成降解污水中的有机物硝化及磷的无机化。跌水充氧技术利用微型污水提升泵剩余扬程，一次提升污水将势能转化为动能，分级跌落，形成水幕及水滴自然充氧，无须曝气装置，大幅度削减了污水生物处理能耗（日处理10 t规模装置，电力消耗100 W），在农村生活污水处理中是一种首创性的研究。在工艺选择上，采用污水厌氧处理降低后续跌水池的负荷，减少接触氧化池的需氧量，使跌水充氧技术能够适合高浓度生活污水处理。生物技术与生态工程的结合，解决了单纯依靠小型污水生物处理工艺除磷脱氮工艺复杂、建设及运行成本高的弊端，通过厌氧及好氧生物处理过程完成有机物降解及部分生物脱氮，利用人工湿地等生态工程进一步去除氮、磷污染物。

工程处理效果：以义乌市佛堂镇上村日处理污水规模为10 t的生活污水处理系统为例，该系统于2005年6月开始启动运行。试验期间进水COD浓度波动较大，在81~694 mg/L变化，经处理后，出水基本稳定在

20~40 mg/L，平均去除率为75%。在培养驯化开始至8月5日，总氮（TN）去除率为20%~30%，随着生物膜的逐渐成熟，去除率开始显著上升，8月12日达到了85%，之后基本维持在80%左右，平均达到76%，出水水质一直保持在2 mg/L左右。总磷（TP）去除率的变化过程与TN基本相似，虽然TP进水浓度相对较低，但变化幅度较大（0.2~12.0 mg/L），挂膜成熟后TP的出水浓度大部分都保持在0.5 mg/L以下，平均为0.36 mg/L，平均去除率为84%。COD、TN和TP均达到或低于城镇污水处理厂污染物排放的一级标准中的A类标准（GB 18918—2002）。

跌水充氧效果是提高污染物去除效果的关键，当跌水高度为0.5 m、跌水板竖向开缝缝隙为3 cm、间距为5 cm时，跌水后溶解氧浓度（DO）可达6 mg/L及以上，具有良好的充氧效果，可维持接触氧化池内最低DO浓度大于2 mg/L，满足有机物去除及硝化反应的需要。经研究确定，工艺设计参数：厌氧池水力停留时间30 h，接触氧化池总水力停留时间2 h，有机物负荷为0.37 kg/(m^3·d)，硝化液回流比为4∶1，人工湿地水力负荷为0.2 m^3/(m^2·d)。

（2）蚯蚓生态滤池

适用条件：该技术主要针对相对集中型农村。在生物过滤器中引入蚯蚓后，利用蚯蚓具有增加过滤层通透性和清除未完全分解有机物沉淀堵塞的功能，使水的物理性过滤处理和有机物的分解处理过程得以分开进行。这两个过程的分离，大大降低了处理器所需要的体积和处理所需要的时间，极大地提高了滤池的处理效率并降低了成本。

工艺技术原理及特点：蚯蚓生态滤池利用在滤床中建立的人工生态系统，通过蚯蚓和其他微生物的协同作用，对污水中的污染物质进行最为经济合理的处理和转化。将生物物种蚯蚓引入生态滤池，可有效解决充氧、反硝化碳源、土壤板结等传统生态滤池不能有效解决的关键性技术难题。该技术水力负荷高，耐冲击负荷的能力强，与人工湿地处理技术结合，具有较强的除磷脱氮能力。同时，在滤床中增殖的蚯蚓又可作为家禽饲料，既可高效、低能耗地去除污水中的污染物质，又可产生一定的经济效益，是一种全新概念的污水处理工艺。

工程处理效果：蚯蚓通过消耗和同化有机氮，直接参与氮的循环，蚯蚓通过分泌、排泄甚至死亡直接影响氮的转化，蚯蚓的氮排泄率是278.3~326.7 μg(N)/[g(活蚯蚓)·d]。经研究发现，蚯蚓同化碳的效率为2%~15%，同化氮的效率为10%~30%。

蚯蚓主要是通过消化黏液、挖洞穴、排蚓粪等影响土壤有机物和微生物的活性。食物通过蚯蚓的消化道时，蚯蚓分泌的消化黏液增加了整体微生物的活性，从而增加了所摄入土壤中有机物的分解。蚯蚓在土壤中的洞穴系统都黏着蚯蚓分泌的黏液，它们对土壤中水和气的交换与迁移有非常重要的影响。在洞穴系统中，皮肤黏液低的碳氮比(C/N)率能够增加微生物的活性，增加其呼吸和氮的矿化率。蚯蚓洞穴系统中氨化细菌、硝化细菌和反硝化细菌的数量明显多于非洞穴系统，硝化和反硝化活性也明显提高10倍以上。

2. 太阳能微动力生活污水处理装置

太阳能微动力生活污水处理装置(图3-9)包括：污水厌氧生物处理池、兼氧+好氧生物处理池，太阳能曝气系统和污泥回流系统。其中，太阳能曝气系统由太阳能电板、蓄电池、曝气机和曝气管组成。待处理污水由进水口自流进入挂有填料的厌氧处理池，经处理后出水再进入装配有太阳能曝气管的兼氧+好氧生物处理池，处理后出水由二沉池沉淀后排放。太阳能电板收集太阳能转化为电能储存于蓄电池内，通过蓄电池带动曝气机为兼氧+好氧池曝气，同时二沉池污泥回流泵由蓄电池提供能量，进行污泥回流。这样既有效利用了自然界能源，也降低了运行费用，提高了农村生活污水处理程度，是一种新型的农村生活污水处理技术。

太阳能微动力生活污水处理装置采用“厌氧+兼氧+好氧”处理工艺，并以太阳能为动力，加速污水中营养物质的氧化，经过处理的污水，其中的氮、磷含量大大降低。

图3-9 太阳能微动力生活污水处理装置实物图

该装置同传统污水处理技术相比，结构紧凑、占地面积小，大大节省了土地资源；并采用太阳能绿色能源，微电脑全自动控制系统，比常规微动力处理工艺运行费用低、运行管理方便。

三 人工湿地生活污水处理技术

人工湿地（图3-10）是一种以污水处理为目的、利用工程手段模拟自然湿地系统建造的构筑物，在构筑物的底部按一定坡度填充选定级配的填料，如碎石、沙子、泥炭等，在填料表层土壤中种植一些对污水处理效果良好、成活率高、生长周期长、美观，以及具有经济价值的水生植物，如香蒲、芦苇等。人工湿地的特点是出水水质好，具有较强的氮、磷处理能力，运行维护方便，管理简单，投资及运行费用低。资料显示，人工湿地投资和运行费用仅占传统污水二级生化处理技术的10%~50%，较适合于资金少、能源短缺和技术人才缺乏的乡村。

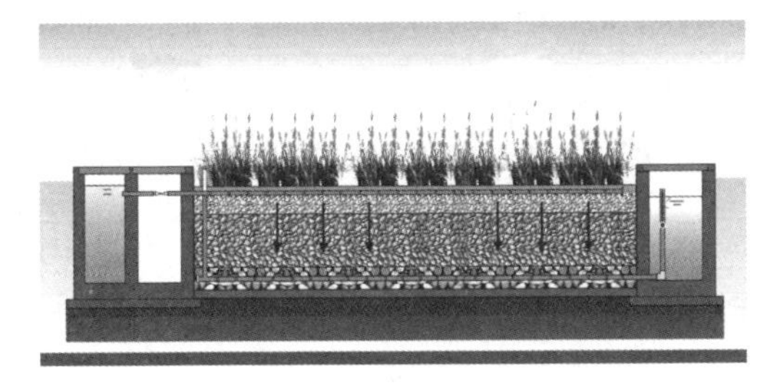

图3-10 人工湿地系统示意图

1.适用条件

人工湿地主要通过生态处理系统内微生物和水生植物的协同作用

实现污染物的去除，这就要求人工湿地所处环境适宜微生物和水生植物的生长。对于北方寒冷地区，为保证冬季人工湿地仍具有较好的处理效果，通常需要更大的土地面积。因而，在土地面积有限区域，不适合采用人工湿地技术。一般情况下，人工湿地适用于气候温暖、土地可利用面积广阔的区域，尤其适用于利用盐碱地或废弃河道进行工程设计。对于我国广大农村地区来说，占地面积较大的人工湿地处理工艺具有很好的应用前景。

2.人工湿地构成

人工湿地污水处理系统由水体、基质、微生物和水生植物四个基本要素组成，各个要素发挥的作用不同，通过相互协同，使得整个人工湿地生态系统平衡运转，实现良好的净化功能。

(1)水体

水体是人工湿地中污染物去除的媒介，也是湿地处理的对象。

(2)基质

人工湿地中，基质除了为植物和微生物提供生长载体外，还通过沉淀、过滤和吸附等作用直接去除污染物。自由表面流湿地多以自然土壤为基质，水平潜流和垂直流湿地基质的选择因特征污染物的不同而不同，同时也会考虑方便取材、经济适用等因素。一般来说，处理以总悬浮物、COD和BOD为特征污染物的污水时，可根据停留时间、占地面积和出水水质等情况，选用细砂、粗砂、砾石、灰渣中的一种或两种作为基质。而处理以磷作为特征污染物的污水时，人工湿地的基质最好选择飞灰或页岩，或选择含铁离子、钙离子和铝离子较多的矿石。人工湿地的填料应尽量就地取材，保证填料充足、价廉易得。最常使用的填料是砂子和碎石，此外还有沸石、土壤、鹅卵石、煤渣、粉煤灰等。

(3)水生植物

水生植物是人工湿地系统区别于稳定塘的一大特色，其在水净化过程中起着至关重要的作用。植物在水净化过程中的作用主要有三个方面，即植物对污染物的直接吸收积累、辅助湿地基质吸附污染物及辅助微生物降解污染物。湿地中的水生植物包括挺水、浮水和沉水植物。目前人工湿地多为挺水植物系统，挺水植物在人工湿地中起到固定床体表面、提供良好过滤条件、防止淤泥堵塞、冬季运行支撑冰面等作用。常用的挺水植物有芦苇、菖蒲、灯心草等；浮水植物有凤眼莲、水浮莲和浮萍等；沉水植物有金鱼草等。人工湿地中的植物栽种日益倾向于选择具有地区特色及对污染物有吸收、代谢与积累作用的品种。

(4)微生物

与许多水处理系统（如活性污泥法、氧化塘法、生物膜法）相同，微生物是人工湿地水处理系统中水质净化的核心。不同的是，人工湿地为好氧、兼性厌氧及厌氧微生物的共存提供了有利环境。好氧微生物在水生植物的根茎表面占优势，植物根系区好氧与兼性微生物均有活动，而远离根系区则为厌氧微生物的主要活动场所。这样，人工湿地中的微生物就极其丰富，这为人工湿地水处理系统提供了足够的分解者，各种微生物利用不同有机污染物为营养源进行生长繁殖，从而实现对污染物的降解去除。人工湿地系统在运行之初，系统中的微生物数量和种类与自然湿地基本相同。但随着运行时间的延长，微生物的数量将不断增加并趋于稳定。人工湿地中的优势菌种有假单胞杆菌属、产碱杆菌属和黄杆菌属，均为生长快速的微生物，体内含有降解质粒，是分解有机物的主体微生物种群。此外，有些难降解的有机物和有毒物需运用微生物诱导变异特性，培育驯化适宜吸收和消化这些物质的优势种进行降解。

3. 工艺的优缺点

农村地区的污水处理工艺应具备管理简单、运行费用低等特点，而人工湿地系统处理构筑物由各种天然生态系统或经简单修建而成，没有复杂的机械设备，其最大的优势就在于简单性，适合不同的处理规模，基建费用低廉，易于维护和管理。

尽管人工湿地具有较多优点，但也存在很多不足。首先，人工湿地的占地面积远比传统工艺大得多，因此提高人工湿地的污水处理率是今后的一大课题；其次，季节因素的变化，如温度、降雨量等，也限制了湿地的发展。

四 稳定塘生活污水处理技术

稳定塘又名氧化塘或生物塘，其对污水的净化过程与自然水体的自净过程相似，是一种利用天然净化能力处理污水的生物处理设施（图3-11）。稳定塘的研究和应用始于20世纪初，50—60年代以后发展较迅速，目前已有50多个国家采用稳定塘技术处理城市污水和有机工业废水。我国有些城市早在50年代就开展了对稳定塘的研究，80年代进展较快。据统计，1985年我国有稳定塘38座，到1990年已有118座，处理水量约$189.8 \times 10^4 m^3/d$。目前，稳定塘多用于处理中小城镇的污水，可用作一级处理、二级处理，也可以用作三级处理。

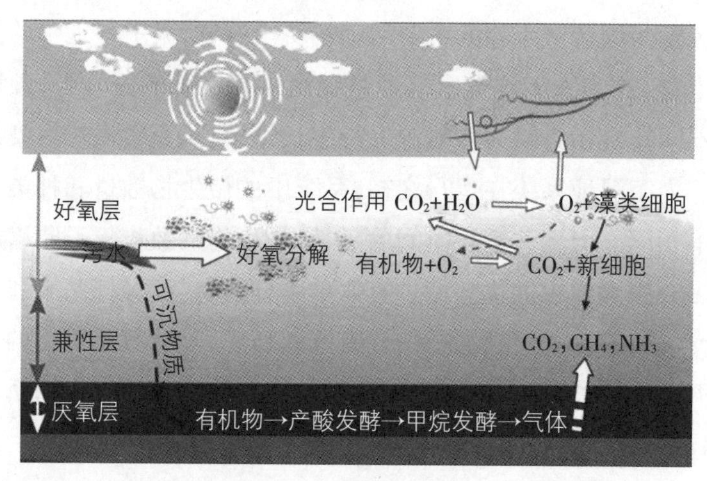

图3-11 稳定塘示意图

稳定塘的类型常按塘内的微生物类型、供氧方式和功能等进行划分，具体分类如下：

1.好氧塘

(1)好氧塘的种类

根据在处理系统中的位置和功能，好氧塘分为高负荷好氧塘、普通好氧塘和深度处理好氧塘3种。

①高负荷好氧塘。这类塘设置在处理系统的前部，目的是处理污水

和产生藻类。其特点是塘的水深较浅，水力停留时间较短，有机负荷高。

②普通好氧塘。这类塘用于处理污水，起二级处理作用。其特点是有机负荷较高，塘的水深较高，负荷好氧塘大，水力停留时间较长。

③深度处理好氧塘。深度处理好氧塘设置在处理系统的后部或二级处理系统之后，作为深度处理设施。其特点是有机负荷较低，塘的水深较高，负荷好氧塘大。

(2)基本工作原理

好氧塘内存在着菌、藻和原生动物的共生系统。有阳光照射时，塘内的藻类进行光合作用，释放出氧，同时由于风力的搅动，塘表面还存在自然复氧，二者使塘水呈好氧状态。塘内的好氧型异养细菌利用水中的氧，通过好氧代谢氧化分解有机污染物并合成本身的细胞质(细胞增殖)，其代谢产物则是藻类光合作用的碳源。

藻类光合作用使塘水的溶解氧和pH呈昼夜变化。白天，藻类光合作用释放的氧，超过细菌降解有机物的需求量，此时，塘水的溶解氧浓度很高，可达到饱和状态。白天，藻类光合作用使二氧化碳降低，pH上升。夜间，藻类停止光合作用，但细菌降解有机物的代谢没有中止，二氧化碳累积，pH下降。

(3)好氧塘内的生物种群

好氧塘内的生物种群主要有藻类、菌类、原生动物、后生动物、水蚤等微型动物。菌类主要生存在水深0.5 m的上层，主要种属与活性污泥和生物膜相同。原生动物和后生动物的种属数与个体数，均比活性污泥和生物膜少。水蚤捕食藻类和菌类，本身就是好的鱼饵，但过分增殖会影响塘内菌和藻的数量。藻类的种类和数量与塘的负荷有关，它可反映塘的运行状况和处理效果。若塘水营养物质浓度过高，会引起藻类异常繁殖，产生藻类水华，此时，藻类聚结形成蓝绿色絮状体和胶团状体，使塘水浑浊。

(4)好氧塘的设计

好氧塘工艺设计的主要内容是计算好氧塘的尺寸和个数。目前，对好氧塘的设计尚没有较严密的理论计算方法和设计方法,多采用经验数据进行设计。

好氧塘主要尺寸的经验值如下:

①好氧塘多采用矩形,表面的长、宽比为(3:1)~(4:1),一般以塘深的1/2处的面积计算塘面。塘堤的超高为0.6~1.0 m。单塘面积不宜大于4 hm^2。

②塘堤的内坡坡度为(1:2)~(1:3)(垂直:水平),外坡坡度为(1:2)~(1:5)(垂直:水平)。

③好氧塘的座数一般不少于3座,规模很小时不少于2座。

2. 兼性塘

(1)兼性塘的基本工作原理

兼性塘的有效水深一般为1~2 m,通常由三层组成,即上层好氧区、中层兼性区和底部厌氧区。

好氧区对有机污染物的净化机理与好氧塘基本相同。

兼性区的塘水溶解氧较低,且时有时无。这里的微生物是异养型兼性细菌,它们既能利用水中的溶解氧氧化分解有机污染物,也能在无分子氧的条件下,以硝酸根和碳酸根作为电子受体进行无氧代谢。

厌氧区无溶解氧。可沉物质和死亡的藻类、菌类在此形成污泥层,污泥层中的有机质由厌氧微生物对其进行厌氧分解。与一般的厌氧发酵反应相同,其厌氧分解包括酸发酵和甲烷发酵两个过程。发酵过程中未被甲烷化的中间产物(如脂肪酸、醛、醇等)进入塘的上中层,由好氧菌和兼性菌继续进行降解。而二氧化碳、氨气等代谢产物进入好氧层,部分溢出水面,部分参与藻类的光合作用。

由于兼性塘的净化机理比较复杂,因此,兼性塘去除污染物的范围比好氧处理系统广泛,它不仅可去除一般的有机污染物,还可有效地去除磷、氮等营养物质和某些难降解的有机污染物,如木质素、有机氯农药、合成洗涤剂、硝基芳烃等。因此,它不仅用于处理生活污水,还被用于处理石油化工、有机化工、印染、造纸等工业废水。

(2)兼性塘的设计

兼性塘一般采用负荷法进行计算,我国尚未建立较完善的设计规范。

兼性塘主要尺寸的经验值如下:

①兼性塘一般采用矩形,长、宽比为(3:1)~(4:1)。塘的有效水深为1.2~2.5 m,超高为0.6~1.0 m,储泥区高度应大于0.3 m。

②兼性塘堤坝的内坡坡度为(1:2)~(1:3)(垂直:水平),外坡坡度为(1:2)~(1:5)。

③兼性塘一般不少于3座,多采用串联,其中第一塘的面积占兼性塘总面积的30%~60%,单塘面积应小于4 hm^2,以避免布水不均匀或波浪较大等问题。

3.厌氧塘

(1)厌氧塘的基本工作原理

厌氧塘对有机污染物的降解,与所有的厌氧生物处理设备相同,是由两类厌氧菌通过产酸发酵和甲烷发酵两个阶段来完成的。即先由兼性厌氧产酸菌将复杂的有机物水解、转化为简单的有机物(如有机酸、醇、醛等),再由绝对厌氧菌(甲烷菌)将有机酸转化为甲烷和二氧化碳等。由于甲烷菌的世代时间长、增殖速度慢,且对溶解氧和pH敏感,因此,厌氧塘的设计和运行,必须以甲烷发酵阶段的要求作为控制条件,控制有机污染物的投配率,以保持产酸菌与甲烷菌之间的动态平衡。应控制塘内的有机酸浓度在3000 mg/L以下,pH为6.5~7.5,进水的BOD_5:N:P为100:2.5:1,硫酸盐浓度应小于500 mg/L,以使厌氧塘能正常运行。

(2)厌氧塘的设计和应用

厌氧塘的设计通常是用经验数据,采用有机负荷进行设计的。设计的主要经验数据如下:

①有机负荷。有机负荷的表示方法有3种:BOD_5表面负荷[kg(BOD_5)/(hm^2·d)]、BOD容积负荷[kg(BOD_5)/(m^3·d)]和VSS(挥发性悬浮固体)容积负荷[kg(VSS)/(m^3·d)],我国采用BOD_5表面负荷。处理

城市污水的建议负荷值为200~600 kg/(hm²·d);对于工业废水,设计负荷应通过试验确定。

②VSS容积负荷用于处理VSS很高的废水,如家禽粪尿废水、猪粪尿废水、屠宰废水等。

③厌氧塘一般为矩形,长、宽比为(2∶1)~(2.5∶10),单塘面积不大于4 hm²,塘的有效水深一般为2~4.5 m,储泥深度大于0.5 m,超高为0.6~1 m。

④厌氧塘的进水口离塘底0.6~1 m,出水口离水面的深度应大于0.6 m。使塘的配水和出水较均匀,进出口的个数均应大于2个。

由于厌氧塘的处理效果不高,出水BOD、浓度仍然较高,不能达到二级处理水平,因此,厌氧塘很少单独用于污水处理,而是作为其他处理设备的前处理单元。厌氧塘前应设置格栅、普通沉砂池,有时也设置初级沉淀池,其设计方法与传统二级处理方法相同。厌氧塘的主要问题是产生臭气,目前是利用厌氧塘表面的浮渣层或采取人工覆盖措施(如聚苯乙烯泡沫塑料板)防止臭气溢出。也有用回流好氧塘出水使其布满厌氧塘表层来减少臭气溢出。

厌氧塘宜用于处理高浓度有机废水,如制浆造纸、酿酒、农牧产品加工、农药等工业废水和家畜粪尿废水等,也可用于处理城镇污水。

4.曝气塘

曝气塘是在塘面上安装有人工曝气设备的稳定塘。曝气塘有两种类型,即完全混合曝气塘和部分混合曝气塘。塘内生长有活性污泥,污泥可回流也可不回流,有污泥回流的曝气塘实际上是活性污泥法的一种变型。微生物生长的氧源来自人工曝气和表面复氧,以前者为主。曝气设备一般采用表面曝气机,也可用鼓风曝气。

完全混合曝气塘中曝气装置的强度应能使塘内的全部固体呈悬浮状态,并使塘水有足够的溶解氧供微生物分解有机污染物。

部分混合曝气塘不要求保持全部固体呈悬浮状态,部分固体沉淀并进行厌氧消化。其塘内曝气机布置较完全混合曝气塘稀疏。

曝气塘出水的悬浮固体浓度较高，排放前需进行沉淀，沉淀的方法可以用沉淀池，或在塘中分割出静水区用于沉淀。若曝气塘后设置兼性塘，则兼性塘要在进一步处理其出水的同时起沉淀作用。

曝气塘的水力停留时间为3~10 d，有效水深为2~6 m。曝气塘一般不少于3座，通常按串联方式运行。完全混合曝气塘每立方米塘容积所需功率较小（0.015~0.05 kW/m^3），但由于其水力停留时间长，塘的容积大，所以每处理1 m^{3}污水所需功率大于常规的活性污泥法的曝气池。

5.稳定塘

稳定塘处理系统由预处理设施、稳定塘和后处理设施3部分组成。

（1）稳定塘进水的预处理

为防止稳定塘内污泥淤积，污水进入稳定塘前应先去除水中的悬浮物质。常用设备为格栅、普通沉砂池和沉淀池。若塘前有提升泵站，而泵站的格栅间隙小于20 mm时，塘前可不另设格栅。原污水中的悬浮固体浓度小于100 mg/L时，可只设沉砂池，以去除砂质颗粒。原污水中的悬浮固体浓度大于100 mg/L时，需考虑设置沉淀池。设计方法与传统污水二级处理方法相同。

（2）稳定塘的流程组合

稳定塘的流程组合因当地条件和处理要求不同而异，在应用时，要注意下面几点：

①塘的位置。稳定塘应设在居民区下风向200 m以外，以防止塘散发的臭气影响居民区。此外，塘不应设在距机场2 km以内的地方，以防止鸟类（如水鸥）到塘中觅食、聚集，对飞机航行构成威胁。

②防止塘体损害。为防止浪的冲刷，塘的衬砌应在设计水位上下各0.5 m以上。为防止雨水冲刷，塘的衬砌应做到堤顶。衬砌方法有干砌块石、浆砌块石和混凝土板等。在有冰冻的地区，背阴面的衬砌应注意防冻。若筑堤土为黏土时，冬季会因毛细作用吸水而冻胀，因此，在结冰水位以上的筑堤土应置换为非黏性土。

③塘体防渗。稳定塘渗漏可能污染地下水源。若塘出水考虑再回

用，则塘体渗漏会造成水资源损失，因此，塘体防渗是十分重要的。但某些防渗措施的工程费用较高，选择防渗措施时应十分谨慎。防渗方法有素土夯实、沥青防渗衬面、膨润土防渗衬面和塑料薄膜防渗衬面等。

④塘的进出口。进出口的形式对稳定塘的处理效果有较大的影响。设计时应注意配水、集水均匀，避免短流、沟流及混合死区。主要措施为采用多点进水和出水；进口、出口之间的直线距离尽可能大；进口、出口的方向应避开当地主导风向。

第五节　人工湿地污水处理技术

作为一种污水生态处理技术，人工湿地近年来被越来越多地应用于农村生活污水的处理。为了促进该技术在农村水环境整治中的应用进程，本节对人工湿地的研究现状、结构、运行参数、净化机理等内容进行介绍。

一 人工湿地研究现状与展望

1.引言

人工湿地继承了湿地的水陆交汇处概念，只不过它加入了人为因素，是由人工建造和控制运行的。本节介绍的人工湿地污水处理技术是指在自然或半自然净化系统的基础上发展起来的水处理技术，是一种人为地将石、砂、土壤、煤渣等介质按一定比例混合成基质，并有选择性地植入水生植被的水处理生态系统。作为一种生态水处理方式，人工湿地与传统水处理方式相比，具有投资低、运行费用少、耗能低且管理水平要求不高等优点，近年来被广泛用来处理生活污水、工业废水、暴雨径流、富营养化水体等，并取得了良好效果。但其也存在占地面积较大、效率不高等缺点，从而限制了其应用与推广。

人工湿地通过基质、植物、微生物三者之间的协同作用去除水体中的污染物。基质具有大的比表面积，为微生物的附着提供了良好的场所，同时基质可以通过吸附、离子交换等途径去除水体中的一部分污染物。植物对进入人工湿地中的污染物具有截留的作用，并将污染物作为营养素进行同化吸收，同进植物根系及根际分泌物等构建根际微环境，影响根际微生物群落结构与代谢。微生物通过各种生理代谢途径将污染物从水体中去除。

2.人工湿地发展历程

德国较早系统地开展人工湿地的研究与应用。1953年，德国的Seidel博士在其研究工作中发现芦苇能去除大量有机物和无机物，通过进一步实验发现，污水中的细菌在通过芦苇床时消失，且芦苇及其他大型植物能从水中吸收重金属和有机物等。在此基础上，德国学者Kiehuth提出了“根区法”，1974年，第一个完整的人工湿地在德国建成。目前，人工湿地技术已在全球广泛应用。

与西方国家相比，我国对人工湿地的研究起步较晚，但是后来居上，目前发表论文数量仅次于美国，已成为全球第二大研究人工湿地技术的国家。我国对人工湿地的研究与应用大致可分为三个阶段。

(1)2000年以前为起步探索阶段。随着生态治理技术的发展，国内开始了稳定塘、土地处理系统、人工湿地的研究。1990年，在深圳市白泥坑建设了生产性的人工湿地以用于污水处理，并以此为基地开展了湿地内部生物降解动力学、水力学等相关研究，还在北京市昌平区建成自由表面流人工湿地，并开展了一系列研究。

(2)2000—2009年为迅猛发展阶段。随着水体污染控制与治理重大项目的实施，我国人工湿地研究及应用得到了迅猛发展，研究范围包括：重金属、藻类、藻毒素、农药和酞酸酯等污染物的去除，人工湿地广泛应用于生活污水、造纸废水、矿山废水、养殖废水、农业面源污染等污水的处理，污水处理厂尾水的深度处理，湖泊河流等水体的生态修复及小流域综合整治等。

(3)2009年至今为规范应用阶段。城乡与住房建设部和环境保护部分别在2009年和2010年发布了人工湿地相关技术规范，人工湿地在我国各类水处理中得到广泛的应用，同时也将水处理人工湿地与景观、生态环境保护与修复相结合，既强调水处理效果，又注重景观与生态效应。

3.主要研究内容及现状

经过几十年的发展，人工湿地的研究主要集中在如何提高脱氮除磷效率、对如何去除新兴污染物、人工湿地根区的微生物结构与功能、人工湿地模型等方面。

(1)人工湿地脱氮除磷效率提升

虽然人工湿地投资少、运行简单，但随着土地资源日益紧张，人工湿地水力停留时间长、占地面积大的缺点不可忽视。因此，提高人工湿地脱氮除磷效率、加大水力负荷、减少占地面积成为研究的热点问题。提升人工湿地脱氮除磷效率的研究主要集中于以下四个方向。

①高效基质的筛选与应用

人工湿地选取的基质种类、粒径不同，会导致内部水力特性不同，局部微环境存在差异，微生物群落结构各有特色。同时，不同的基质对污染物的截留吸附效能也不同，从而影响人工湿地的处理效率。国内学者张翔凌等人研究了不同组合的沸石、无烟煤、蛭石、高炉钢渣、生物陶粒等填料对垂直流人工湿地水处理效果的影响，结果表明，组合填料的种类、装填顺序和装填方式对净化效果产生了较大影响：组合填料对COD的平均去除率较单一填料都有所提高；由上至下依次填充无烟煤、生物陶粒、沸石的组合填料具有较好的脱氮功能；由上至下依次填充无烟煤、蛭石、钢渣的组合填料具有较好的除磷功能；不同粒径的沸石、无烟煤、砾石人工湿地对总氮和总磷的去除率差异显著，去除效率最高的分别是粒径为1~2 mm的沸石和2~4 mm的无烟煤。以给水厂脱水铝污泥的泥饼作为潮汐流人工湿地的填料，在处理养殖废水时，COD、氨氮和总磷的平均去除率分别在70%、90%和90%以上。

高效基质筛选的目的是提高人工湿地的污染物去除效能，但要注意解决基质的使用寿命问题。基质通过吸附、离子交换等方式去除水体中的污染物，一旦吸附饱和，人工湿地处理效率就会显著下降，因此要进行基质的更换，且需要妥善处理。再者，基质应廉价易得。在实际应用中，基质投资占用了潜流人工湿地的大部分建设费用，基质选择应在效率和成本之间寻求一个合适的平衡点。

②人工湿地组合工艺

按照污水流动方式，人工湿地可分为表面流人工湿地（surface flow constructed wetland，SFCW）、水平潜流人工湿地（horizontal subsurface flow constructed wetland，HFCW）和垂直流人工湿地（vertical flow constructed wetland，VFCW）。三种类型的人工湿地各有优劣，为提高人工湿地效率、加大负荷，各种组合工艺应运而生。应用最广泛的几种组合工艺有表面流与潜流人工湿地组合工艺、水平潜流与垂直潜流复合型人工湿地组合工艺及多级垂直流人工湿地组合工艺等。

表面流与潜流人工湿地在处理城镇分散污水和面源污染时，出水水质满足《城镇污水处理厂污染物排放标准》（GB 18918—2002）一级A标准，前端的潜流单元有利于去除污水中的COD、总磷和氨氮，后端的潜流单元有利于去除污水中的总氮。而水平潜流与表面流人工湿地在处理城镇污水处理厂尾水时，在5月至10月出水COD≤20 mg/L，氨氮和总磷质量浓度分别小于1.5 mg/L和0.3 mg/L。

水平潜流与垂直潜流复合型人工湿地用于地中海国家度假村的生活污水处理，夏季高温期间对COD、氮磷等具有良好的去除效果，同时也能有效地降低出水中的致病菌浓度。而在寒冷气候下应用水平潜流与垂直潜流复合型人工湿地处理生活污水时，出水仅能满足排放标准要求。

多级垂直流人工湿地处理生活污水时，对COD、总氮、总磷的脱除效率分别为90.1%、53.7%和43.7%，并且当二级进水比例为20%时，该系统对总氮去除效率可提高至61.7%。水温会影响多级垂直流人工湿地的脱氮效率比，总氮的去除率随温度升高呈上升趋势。

通过不同流态人工湿地工艺组合，有利于提高人工湿地系统运行的稳定性，对低温和高温均有一定的适应性。但是组合人工湿地的选取和组合方式大多依据经验，其处理效率波动较大，已建成的组合人工湿地缺乏长期的现场跟踪监测数据。因此，如何保证人工湿地组合系统去除效果的稳定持久也是一个难题。

③与其他工艺的耦合

微生物在人工湿地去除污染物的过程中发挥着重要作用，为进一步强化微生物作用，强化人工湿地的脱氮除磷效率，研究人员借鉴其他工艺发展成果，将人工湿地与其他水处理工艺相耦合。

例如，将微生物燃料电池加入到人工湿地中，形成人工湿地-微生物燃料电池耦合系统（CW-MFC）。微生物燃料电池耦合人工湿地工艺的处理效果、产电效能等受到植物、运行条件等各种因素的影响。研究表明，种植植物有利于提升CW-MFC系统阴极区域溶解氧浓度及提高有机物的降解能力。在CW-MFC系统中，当进水COD较低（50~250 mg/L）时，功率密度上升；但当COD提高到250~1000 mg/L时，功率密度却呈下降趋势。CW-MFC的功率密度还受水力停留时间（HRT）的影响，研究表明：当HRT在6.5~13.1 h时，功率密度随HRT的增大而增大；而当HRT在13.1~50 h时，功率密度却随HRT的增大而减小。

也有研究将人工湿地和生物膜电极反应器（biofilm electrode reactor，BER）耦合，形成人工湿地生物膜电极耦合系统（CW-BER）。生物膜电极反应器可以在不外加碳源的条件下高效地去除低碳氮比废水中的硝酸盐。该系统对氮的去除效率受碳氮比、HRT和pH等影响，在碳氮比为0.75~1、HRT为12 h、pH为7.5的条件下，最终出水的最佳总氮和氨氮的去除率分别为63.0%和98.1%。人工湿地耦合生物膜反应器，提高了氨氮和硝氮的去除效率，从而降低了系统出水总氮浓度。

还有研究将人工湿地和高效藻池工艺相结合，高效藻池水深较浅，采用多廊道的形式，利用藻类的光合作用和微生物代谢处理污水，同时回收生物质。Ding等人研究了高效藻池-水平潜流人工湿地系统对于模拟废水的处理效果，氨氮、硝氮和总氮的去除效率均明显高于单一的人工湿地，有效提高了系统的脱氮效率。

人工湿地和其他工艺耦合可以提高人工湿地的处理效率，但是目前这些研究主要限于小试系统，实验条件受到严格控制，实验周期也较短，需要放大到中试或者小规模现场做进一步探究实验。同时，耦合技术的成本核算鲜有报道。

④碳源补充

人工湿地越来越多地应用于污水处理厂尾水的处理，但污水处理厂尾水的一个典型特点就是碳氮比较低，碳源不足会影响到人工湿地的脱氮效率，因此人工湿地碳源补充也是一个重要的研究方向。

人工湿地碳源补充可分为三类。一是可溶性碳源，如甲醇、果糖和污泥等。向人工湿地中补充甲醇使碳氮比达到3∶1，总氮去除率为81%~98%，显著高于未添加甲醇的系统（<10%）。二是固体碳源，即不溶性的合成类可生物降解有机物。Shen等人以玉米淀粉/聚己内酯（PCL）共混物作为人工湿地的补充碳源，提高了系统的脱氮效率，其中反硝化过程主要发生在PCL填充层中，测序结果也显示反硝化细菌在该层为优势菌。采用聚-3-羟基丁酸酯-共-3-羟基戊酸酯（PHBV）和聚乙酸（PGA）的共混物作为碳源和生物膜载体，得到了与Shen等人的研究类似的结果。三是植物性碳源，如芦苇秆、稻壳等。赵联芳等人对比了芦苇秆、二球悬铃木树叶和葡萄糖作为补充碳源对垂直流人工湿地脱氮效果的影响，评估了不同碳源对一氧化二氮产生量的影响，分析了不同碳源湿地基质中微生物的优势菌群，结果表明植物性碳源有助于提高系统脱氮效率，但是一氧化二氮释放量要高于葡萄糖组，三组实验中细菌均为基质中的优势群落。

可溶性碳源投加量不易控制，且在人工湿地中很容易通过好氧降解，不能长时间发挥作用。固体性碳源需提前预埋在人工湿地基质中，效果稳定，但不易补充，且成本昂贵。植物性碳源廉价易得，可是效果不稳定，容易受到干扰，同时会导致出水色度增加。寻找廉价稳定、方便补充、可长期发挥作用的碳源，并解释其作用机理，评估其生态效应，将是一个重要任务。

(2)去除新兴污染物

随着化学合成技术日益提升,环境中各类新兴污染物层出不穷,这些污染物往往具有较长的半衰期且可生化性能较差,常规污水处理措施难以去除。人工湿地微环境多样,研究人工湿地对新兴污染物的去除效果及规律也是一个热点方向。

表3-1列举了一些潜流人工湿地对双酚A和药品及个人护理品(pharmaceuticals and personal care products,PPCPs)等污染物的去除研究,研究结果都表现出很高的去除效率。人工湿地对有机磷杀虫剂、菊酯类杀虫剂、毒死蜱、二嗪农、西马津、草甘膦等农药的去除效果分别为100%、95%~99%、83%~99%、68%~94%、20%~60%、75%~99%。可见人工湿地对去除新型污染物有很大的潜力。多项研究表明,人工湿地对新型污染物的去除效率受到人工湿地的构型、植物、水力停留时间、运行方式等多种因素的影响。Zhang等人通过水培实验研究了双氯芬酸和咖啡因在湿地植物水葱中的代谢,发现双氯芬酸主要通过光降解去除,而咖啡因则是被植物大量吸收,且大量分布在植物的茎、叶中。

表3-1　人工湿地对部分新兴污染物的去除效率

污染物	人工湿地类型	处理效率
双酚A	HFCW	27.9%~98.6%
	VFCW	42.9%~100%
双酚F	VFCW	99.5%
双酚S	VFCW	99.9%
四溴双酚A	VFCW	99.9%
壬基酚	HFCW	20.4%~90.0%
布洛芬	VFCW	95.4%~99.7%
	HFCW	95.4%~99.7%
双氯芬酸	VFCW	54.3%~70.25%
	HFCW	100%

续表

污染物	人工湿地类型	处理效率
吐纳麝香	VFCW	61.1%~83.3%
	HFCW	97.8%
氧苯酮	VFCW	88.8%~97.3%
三氯生	VFCW	72.7%~88.6%
萘普生	HFCW	99.1%

提高人工湿地对新兴污染物的去除效率是一个重要研究趋势，解释人工湿地去除机理也很重要，是通过代谢分解还是被基质吸附对于生态环境的影响不一。如果是前者，要检测其降解产物、解析降解途径，部分新兴污染物降解的中间产物毒性甚至要高于母体，要尽量减少有毒中间产物的形成；如果是后者，则要防止长期运行之后基质被二次污染的问题。

(3)人工湿地根区微生物研究

微生物在人工湿地去除污染物方面发挥着重要作用，开展人工湿地“黑箱”中微生物研究是人工湿地去除机理研究的重要一环。Nikolaos等人应用定量PCR对水平潜流人工湿地中的基因丰度进行测定，根据基因丰度判断人工湿地中氮去除的主要途径为硝化-反硝化。熊家晴等人通过PCR-DGGE技术对垂直流人工湿地基质中各级微生物群落特性进行分析，结果表明：根际微生物群落多样性高于相同垂直深度的基质微生物群落，且出现了严格好氧菌，证明植物根际具有泌氧功能。雷旭等人采用同样的技术对复合垂直流人工湿地中不同植物根际微生物群落进行分析，发现不同植物根际微生物不同且有季节差异。

随着高通量测序技术的发展越来越成熟，应用高通量测序研究湿地中微生物群落结构的报道也与日俱增。Zhong等人采用PCR-DGGE技术和高通量测序比较研究了水平潜流人工湿地中微生物群落动态，高通量测序能更好地反映人工湿地中微生物群落的多样性。高通量测序表明人工湿地中的变形菌门多于自然湿地，而自然湿地中的绿弯菌门则多于人工湿地，且自然湿地中的细菌群落呈现出更高多样性。基质微生物多样性与植物生物量密切相关，研究表明植物根区微生物多样性明显增加，放线菌丰度为20.9%，显著高于对照组（无植物）的1.9%，并通过路径分析发现植物通过影响基质pH从而影响微生物的多样性。

通过高通量测序，可以分析湿地中微生物的群落结构及多样性，进一步解释湿地中微生物的分布、污染物对湿地微生物的影响、不同植物的根际微生物差异等，有助于揭示污染物降解机理。鉴于人工湿地系统的复杂性、微环境的多样性，其中可能存在大量尚未解析的微生物，功能不甚明确。因此，对人工湿地微生物的研究除了对现有功能菌的研究，也要注重对未知菌属作用的研究。大量存在某功能基因并不代表该菌群在人工湿地系统中会发生作用，需进行转录组和代谢产物的检测，确认其是否发挥作用。此外，对人工湿地微生物的研究大多局限于单个系统，缺乏多个系统之间的对比，难以发掘人工湿地系统中共有菌属和功能菌。

（4）人工湿地模型研究

人工湿地作为一个“黑箱”，机理研究可以使“黑箱”变“白箱”，模型研究则是对“黑箱”的行为进行预测分析。模型研究有助于工程设计的专业化，也有助于对机理的进一步探究。对于模型的研究，大致可概括为以下几类。

一是污染物去除的反应动力学。例如采用一级动力学模型对水平潜流人工湿地和复合垂直流人工湿地效率进行模拟比较，模拟计算出水平潜流湿地COD、氨氮、总氮和总磷的面积速率常数分别为0.101、0.029、0.020和0.121 m/d；而复合垂直流湿地各污染物的面积速率常数分别为0.137、0.061、0.038和0.197 m/d，复合垂直流人工湿地效率显著高于水平潜流人工湿地。

二是人工湿地的水力学计算模型。通过示踪剂实验，应用多流分散模型建模，证明了水平潜流湿地中存在多流系统，这影响了湿地系统对氯苯的去除效率。Giraldi等人则利用纵向色散活塞流模型探讨了垂直流人工湿地床层在不同饱和状态下的停留时间分布。

三是其他领域的模型或者活性污泥模型在人工湿地中的应用。研究者应用WASP模型对表面流人工湿地进行模拟，对模型参数进行率定修正，模拟值与实测值吻合度较高。现在发展较为成熟的一个人工湿地模型是Hydrus模型。Hydrus模型是基于活性污泥的ASM模型，结合人工湿地水力、生化特性开发的一个模型，包括CW2D和CWM1两个模块。CW2D对处理生活污水的垂直流人工湿地进行模拟，氨氮、硝态氮和COD模拟值和实测值之间的平均绝对误差分别为27%、21%和15%。CWM1对非稳态运行的水平流人工湿地进行模拟，模拟结果预测系统对COD的平均去除效率为68%，实测值为67%，两者十分接近。

反应动力学和水力学计算模型较为简单，对湿地内部各个过程进行简化，参数少，易于率定，操作简便，更适用于工程设计。基于人工湿地去污机理建立的模型更接近实际情况，参数繁多，系数选取受系统影响较大，但是对人工湿地内部的认识程度要高于前者。这类模型的发展受人工湿地机理研究的影响较大，二者相辅相成。目前，在人工湿地模型研究方面，精确度较高的模型实验规模小，而针对实际工程应用的模型则简化程度高，这两者之间需要寻求一个平衡点，或者说分道扬镳，侧重不同预测方向。总之，人工湿地模型发展是一个必然趋势。

4.人工湿地研究的未来方向

人工湿地作为一种生态处理技术，不仅改善水质，还具有明显的生态效益。鉴于我国地表水污染现状，人工湿地在污水处理厂尾水、城市黑臭水体、农村污水的治理及河道、湖泊的治理与修复保护等方面有广阔的应用前景。如前文所述，对于人工湿地的研究与应用仍有很多不明朗之处，研究层面针对单一问题，在人工湿地处理性能提升、各类污染物去除、机理研究和模型预测等方面做了大量工作，而在实践中，人工湿地作为一个综合系统需要全面考量，同时科研方面缺乏实践数据反馈、实验系统放大难以达到预期效果等问题导致人工湿地的处理效果在应用层面和研究层面出现差异，并未发挥人工湿地的巨大潜力。

综上,关于人工湿地的以下工作还需要我们深入研究和实践:

(1)理论和实践数据相结合的设计规程

Kadlec和Wallace撰写的*Treatment Wetlands*一书,详细介绍了各类人工湿地的设计运行及管理。但是这个设计手册中的参数大多基于国外人工湿地的监测结果,对于我国而言,还需要长期的实践数据来支撑。我国住房和城乡建设部与生态环境部分别出台了人工湿地相关技术规范。工程设计依赖于现场的长期监测数据,也依赖于对机理的进一步阐释,同时也需要模型的发展,即要逐步从依靠经验向有理有据的理论设计转变。随着人工湿地应用的蓬勃发展,越来越强调与景观的结合,通过植物配置来优化景观格局,需要环境工程和风景园林专业交叉共同研究,这也是人工湿地设计应用要重点考虑的方向。

(2)人工湿地机理研究

通过一些表观可控因子的调节已经不能满足提高人工湿地处理效率的要求,人工湿地去污机理的研究越来越受到重视,研究者需从更深一层的角度去解释去污机理,从而提高人工湿地的处理效率。目前研究越来越集中于采用高通量测序,分析湿地内部的微生物的一些特性,如微生物多样性、群落结构差异等。人工湿地中植物的作用极受重视,尤其是对植物根际的研究,根际泌氧、根表铁膜、根系分泌物等也有相关报道。

(3)人工湿地模型建立

人工湿地的模型研究方兴未艾。现有的研究大多为“灰箱”模型,对于人工湿地内部的过程做了太多的简化和假设,从而导致模型参数不具有广泛性。而在实际人工湿地中,条件复杂,影响因子繁多,导致模型预测值与真实值仍存在较大差异。因此,模型如何能提高预测精确度,从而指导设计、辅助解释机理,会成为模型发展的重要内容。

人工湿地经过几十年的发展,技术日臻成熟,但远未成为一个完善的水处理系统。人工湿地作为一个由基质、微生物和植物三者共同作用的复合系统,其复杂程度远胜过单一生化系统,研究难度也更大,但随着研究的深入进行，人工湿地也将进一步发挥其巨大潜力，在水处理和生态修复与保护方面发挥巨大的作用。

二 人工湿地结构与运行参数

1.人工湿地分类

如前所述，人工湿地按污水流动方式可以分为以下三种类型，它们的优缺点比较见表3–2。

①表面流人工湿地

它与自然湿地形态最为接近，水体在基质表层流动，水位较浅(0.1~0.6 m)。湿地植物叶茎、根系、基质上的生物膜完成大部分有机物的降解，其所需氧气主要来自于水体表面空气的扩散和植物根系的传输，但植物根系的传输能力有限。

②水平潜流人工湿地

水体在基质表面下水平流动，充分利用了基质表面及植物根系上生物膜对污水中有机物进行降解，通过表层基质和内部填料截留过滤机制对污水中的颗粒有机物和悬浮物进行处理，以提高处理能力。

③垂直潜流人工湿地

该类型湿地综合了表面流和水平潜流的特点，又可分为上行流人工湿地、下行流人工湿地和潮汐流人工湿地。

表3–2　三种不同人工湿地的比较

人工湿地分类	优点	缺点
表面流人工湿地	投资小、操作简单和运行费用低	受自然气候条件影响较大，不稳定
水平潜流人工湿地	处理效果受气候影响较小，卫生条件和保温性好，尤其适合冬季气温低的北方地区	湿地建设成本高，易堵塞
垂直潜流人工湿地	具有较高的净化效率和较小的占地面积等优点	建造要求和运行管理成本高，且易堵塞

2.人工湿地结构参数

人工湿地在污水净化过程中，通过基质的过滤、吸附、沉降、离子交换、拮抗、氧化还原反应及植物吸收和微生物降解等来实现对污染物的降解和去除。

(1)基质

基质是人工湿地的核心载体,其理化性能会直接影响到污水的净化效果。在人工湿地床体内部填充较大比表面积且多孔的基质填料,可为微生物提供更大的生存空间,并改善湿地内部的水动力学性能,提高系统的去污能力。

目前,应用较多的基质填料主要有土壤、砾石、炉渣、自然岩石、生物陶粒与矿物材料等,主要根据污水水质、基质特性和经济效益进行选择。所选基质应具备以下特点:比表面积大、多孔性、质轻、松散容积小,且有足够的机械强度;无毒、无污染,化学稳定性好,使用周期长;水头损失小,吸附能力强。表流人工湿地由于表层基质土壤的氧源充足,硝化作用较强,所以对氨氮的去除效果较好,而中深层土壤处于缺氧与厌氧的环境,反硝化作用较强,有利于TN和COD的去除。不同的填料对水体净化指标有显著性净化优势,筛选出了具有综合净化优势的沸石、无烟煤和生物陶粒三种填料。同时也发现,填充砾石、卵石、页岩填料的湿地对污染水体中有机物、总氮、总磷均有较理想的净化效果,其中砾石床潜流湿地综合净化效果最理想。为了发挥各基质的优势,以便有效和有针对性地去除不同污染物,同时缓解系统的堵塞,延长运行周期,人工湿地床体常由几种基质级配组成,如采用沸石-石灰石基质的组合系统可有效去除氮磷;煤渣-草炭组合基质对总磷具有较强的吸附能力,可以作为垂直流人工湿地系统的特殊基质。

(2)植物

植物在人工湿地污水净化过程中的作用,可以归纳为三个方面:第一,直接吸收利用污水中的营养物质,吸附和富集重金属等有毒有害物质;第二,为微生物吸附生长提供更大的表面积,为根区好氧微生物输送氧气;第三,增强和维持基质的水力传输性能。经研究证实,种植植物的人工湿地在吸收污染物及去除重金属能力方面明显优于无植物人工湿地，如分别栽种池杉和风车草的人工湿地对污水中总氮和氨氮的净化效果明显较好，且污染水体中30%的铜和锰，5%~15%的锌、镉和铅等重金属被去除。植物根系的泌氧作用，使根部形成适于好氧微生物生存的微氧环境，这种根区有氧区域和远离根区的缺氧区域的共同存在为好氧、兼性厌氧和厌氧微生物提供了各自适宜的小生境，能增加对污染物的处理。同时，植物根部分泌的氧会氧化根部附近处于还原电势的有害成分，如Fe^{2+}、Mn^{2+}、S^{2-}、HS^{-}和有机酸等，进而引起根际pH的变化，使一些营养物质更易被植物吸收，也便于微生物对其降解利用。植物对湿地的基质及小环境也会产生影响，如无植物的湿地系统中土壤易板结、发生淤积，而种有水烛和灯心草的湿地由于植物改善了土壤内部的水力传导性、渗滤性，因而污水能快速渗入土壤，加上植物减轻湿地内湿差变化，从而促进污染物的分解与吸收。

（3）微生物

在湿地内部，微生物靠吸收和降解污染物来获取养分和能量，并直接或间接地为植物或动物提供物质养料和能量，使三者之间协调发展，对湿地中生物地球化学的循环起到了核心作用。

人工湿地的净化能力与湿地系统内生长的微生物种类和数量有关。芦苇人工湿地系统中的优势菌属主要有产碱杆菌属、假单胞杆菌属和黄杆菌属，且其体内含有降解质粒。在有机负荷高时，微生物生长繁殖加快，生物膜变厚，此时异养菌处于主体地位；有机负荷较低时，硝化菌逐步增多。由于组合基质人工湿地硝化细菌数和反硝化细菌数较单一煤渣基质人工湿地的丰富，因而组合基质的脱氮效果较好。另外，不同植物组合而成的湿地系统，可丰富根际微生物的种类并增加根际微生物群落功能多样性，从而提高人工湿地污染物去除率和稳定性。对人工湿地系统中微生物的分布特征研究发现，硝化细菌、反硝化细菌、氨氧化细菌主要位于基质的根际区域。有植物湿地系统中亚硝化菌数量远高于无植物湿地系统，如：香蒲根际区域硝化细菌数量和反硝化细菌数量最多，美人蕉根际区域有机磷细菌数量最多，玉带草根际区域无机磷细菌数量最多。人工湿地基质微生物碳、微生物氮和微生物磷基本符合“前部大于中部大于后部”和“上层大于下层”的规律。

3.人工湿地运行参数

(1)水力条件

近年来研究发现,在人工湿地建成投产运行后,影响其净化效果的主要运行参数有水力停留时间(HRT)、水力负荷(HLR)等。

①水力停留时间

水力停留时间是指待处理污水在湿地床内的平均停留时间,决定了污水与湿地接触的程度,是人工湿地系统中重要的参数之一。在相同的进水水质条件下,HRT越长,污水处理效果越好。HRT的延长可提高人工湿地系统中有机物、含氮化合物的去除率,特别会大大提高氨氮的平均去除率。研究指出,不同季节人工湿地的最佳HRT不同:在春季,复合垂直流人工湿地的最佳HRT为8~10 h,在水平潜流人工湿地中为10~12 h;在夏季,复合垂直流人工湿地的最佳HRT为6 h,在水平潜流人工湿地中为6~8 h;在冬季,复合垂直流人工湿地的最佳HRT为12 h,在水平潜流人工湿地中为24~36 h。而研究表明在暴雨冲击下,池塘类的人工湿地水力停留时间2~4 d比较合适。在用膜生物反应器(MBR)技术处理餐厨废水时发现,在大HRT下能高效分解消除蛋白质类污染物,而在小HRT下其净化能力受到限制。

②水力负荷

水力负荷是指单位体积滤料或单位面积每天可以处理的废水水量,是人工湿地运行参数设计时重要的参数。HLR过大或过小都会影响湿地系统的净化效率。研究发现,潜流人工湿地单位面积的总氮去除率与HLR呈现一定规律,即在低负荷值域内,去除率随入水负荷增加而增加;在高负荷值域,去除率会出现下降。这是因为当HLR过小时,污水中的溶解氧被好氧异养菌降解有机物后,污水中溶氧率-复氧率远小于系统耗氧速率,导致湿地水体处于厌氧状态,从而抑制了好氧自养硝化菌的硝化作用,降低氮的去除效率;当HLR逐步增加时,水体溶氧复氧率大大提高，改善了硝化菌的生存环境，好氧生境与厌氧生境交替良性循环，使得硝化与反硝化反应顺利进行，总氮去除率也同步上升；但HLR过大时会导致水力停留时间过短，使得硝化菌与污水接触不充分，氨氮未能及时被充分消化就被带出系统，从而使总氮去除率相对下降。在垂直潜流人工湿地系统中，总磷去除率有随着HLR的增大而降低的情况；也有先随着HLR的增加而迅速升高，达到最大值又逐渐下降的情况。因此，进一步研究选择合适的HLR对处理污水具有重要的作用。

但近年来有人在用芦苇床潜流人工湿地处理城市污水时发现，较低的水位会更有利于有机物的去除。如Huang等人发现，在对COD、BOD_5、氨氮、溶解态活性磷和乙酸、异戊酸和二甲基硫的去除效果上，水位为0.27 m的床体要强于水深为0.5 m的床体，可见对水位的选择仍要做进一步的研究。

(2)环境条件

温度、溶解氧(DO)和pH的变化影响了湿地中微生物的活性、微生物的代谢速率和湿地植物的生长，进而对湿地的处理效果产生影响。

①温度

研究发现，温度对微生物活性影响较大，其影响机理主要是温度的变化引起湿地内部的理化性质的变化，进而对湿地的基质、植物和微生物产生影响，改变了污染物的降解速率。主要表现：低温环境下，基质会使污水的黏性增大、流速变慢，且微生物基质酶活性受到抑制，酶促反应变慢，导致微生物所需的营养物质和氧的匮乏，不利于微生物的代谢活动，致使大量的有机物颗粒沉积在基质间，引起堵塞，影响湿地的净化效率；在低温地区，湿地植物在生态和形态上都发生变化，比如枯萎或者休眠，这都显著影响植物对污染物的去除能力；当温度高于4℃时，硝化反应会逐步加快，湿地脱氮效果增强；高于8℃时，微生物对有机物的降解利用加快，COD去除率上升。

②DO

在湿地内部DO的分布情况比较复杂，自湿地表面到内部深层可依次分为有氧区、缺氧区和无氧区，分别生存着好氧微生物、兼性好氧微生物及厌氧微生物。但由于植物的泌氧作用，溶氧的分布状况也会同上面存在相似的情况。DO与水温密切相关，水温高时DO降低，水温降低时DO则升高。而DO的含量与湿地中污染物的去除直接相关，适当提高湿地中DO的水平，可提高湿地对污染物的去除率。

在厌氧条件下，产甲烷菌利用氢气还原二氧化碳等碳源营养物并通过水解阶段、产酸阶段以产生细胞物质和能量，最后产生代谢废物CH_4。在好氧环境里，好氧微生物将有机物氧化为二氧化碳、水和氨气等。在人工湿地脱氮方面，溶解氧是限制性因素，当湿地中溶解氧含量小于1 mg/L时，硝化作用减弱，大于0.2 mg/L时，反硝化作用受到抑制。有研究表明，厌氧氨氧化菌在氧气缺乏的条件下也可将亚硝酸盐直接还原为氮气，这样大大减少了需氧量，也相应地减少了曝气成本。同时，许多研究也证实了好氧反硝化菌的存在，如Meiberg等曾发现了一株Hyphoni-crobium，该菌株能在好氧条件下进行反硝化作用，达到脱氮目的，这为人工湿地脱氮技术的发展提供了新思路。但是这还需大量实践来丰富和完善，从而为优化人工湿地处理系统提供成熟技术。

③pH

污水的pH也是影响人工湿地对污染物降解净化效果的重要因素，比如在脱氮过程中，亚硝化细菌、硝化细菌及反硝化菌分别在pH 7.0~7.8、pH 7.7~8.1及pH 7.5~9.2时活性最强。在反硝化过程中，若pH小于6，反硝化产生的气体以一氧化二碳或一氧化氮温室气体为主，约占气体产物的50%。因此，在脱氮过程中，水体最好是保持在中性或偏碱性，且较低的含盐量（小于1 g/L）有利于提高铵态氮的降解率。在除磷方面，虽然有人认为碱性环境有利于除磷，但对于整个系统而言，生物除磷又要求在厌氧区有有机酸的存在。可见，人工湿地除磷的相关机理还需更深一步研究。

4.人工湿地结构和运行参数研究的未来方向

综上所述，虽然国内外学者对影响人工湿地净化效果的参数做了大量研究和探讨,但由于人工湿地是极其复杂的生态系统,因此今后还需深入开展以下四个方面的工作。

第一,可借鉴响应面法来确定最佳参数组合。对于不同类型的人工湿地系统,存在不同的参数的最佳值,未有统一的标准可参考,需要做进一步的研究。

第二,人工湿地运行期间,水力负荷是影响湿地净化效率的主要因素,过大或过小的水力负荷会直接影响水力停留时间的长短,进而影响微生物与污水接触程度,而微生物吸收分解污水中有机污染物的活性和代谢速率与此关系密切。由此可见,应长期深入地研究水力负荷这一重要参数,为更好地提高人工湿地净化效率提供理论支持。

第三,堵塞也是影响湿地运行效率的重要因素,且是湿地运行期间必然会发生的。堵塞严重影响了湿地净化效率和寿命,降低了湿地的水力停留时间和净化功能。因此,应该对湿地防堵塞技术做进一步的研究。

第四,影响湿地净化效果的因素非常广泛,除了以上因素外,还有湿地酶、氧化还原电位、光照、气候等环境因素,特别是湿地中的原生动物,对净化效率的贡献也不可忽略。

三 人工湿地净化机理

人工湿地净化机理比较复杂。湿地净化污水是湿地中填料、植物和微生物相互关联,物理、化学和生物过程协同作用的结果。其中物理作用主要是指过滤、沉积作用。污水进入湿地,经过填料层及密集的植物根系,可以过滤、截留污水中的悬浮物,并沉积在填料层中;化学反应主要指化学沉淀、吸附、离子交换和氧化还原反应等,这些化学反应的发生主要取决于所选择的填料类型;生物反应是指微生物在好氧、兼氧及厌氧状态下,通过开环、断键分解成简单分子、小分子等作用,实现对污染物的降解和去除。其中构成人工湿地的四个基本要素都具有单独的净化污水能力,尤其是人工湿地填料中微生物种群在人工湿地的污水净化过程中起到了重要的作用。考虑到农村生活污水中的主要污染物为有机物和氮磷营养盐等,人工湿地对上述污染物的去除机理主要有以下几点。

1.人工湿地中有机物的去除

人工湿地对污水中的有机物有较强的降解去除能力。其中,微生物生长和填料层形成的生物膜对污水有机物的降解起主要作用。污水中不溶性有机物通过自身沉淀和湿地填料层的过滤作用,在厌氧条件下逐步分解并被微生物利用;污水中溶解态的有机物则通过植物根系生物膜的吸附、吸收及生物代谢过程而被分解去除。随着处理过程的不断进行,湿地床中的微生物相应地繁殖生长,通过对湿地填料层的定期更换和对湿地植物的收割可将有机物从系统中去除。

2.人工湿地中氮素的去除

人工湿地处理系统对氮的去除主要是通过填料层的吸附、过滤和沉淀作用,氨氮自身的挥发,植物的吸收,以及微生物的硝化、反硝化作用来实现的。氮素在湿地系统中的生物化学循环较为复杂,包括7种价态的转换,氮素的转换受氧化还原特性及微生物分解过程的影响。研究表明,水中的无机氮可作为植物生长过程不可缺少的物质而直接被植物摄取,并合成植物蛋白质等有机氮,通过植物的收割可使之去除,但这部分仅占总氮量的8%~16%,不是主要的脱氮过程。

在人工湿地系统中,植物根系可形成有利于微生物硝化作用的好氧区,同时在远离根系的周围形成缺氧/厌氧区以提供反硝化条件,所以人工湿地脱氮主要是通过微生物的硝化、反硝化作用实现的。一般来说,污水中的氮素主要以有机氮和氨氮的形式存在,在处理过程中有机氮首先被异养微生物转化为氨氮,在有氧条件下,氨氮经亚硝酸细菌和硝酸细菌的作用转化为亚硝酸盐和硝酸盐,称为硝化作用,反应式如下所示。

$$2NH_4^+ + 3O_2 \xrightarrow{\text{亚硝酸细菌}} 2NO_2^- + 4H^+ + 2H_2O$$

$$2NO_2^- + O_2 \xrightarrow{\text{硝酸细菌}} 2NO_3^-$$

在缺氧/厌氧条件下，反硝化细菌将硝酸根还原为N_2，反应如下：

$$6(CH_2O)+4NO_3^- \xrightarrow{\text{反硝化细菌}} 6CO_2+2N_2+6H_2O$$

实际上，硝化作用与反硝化作用在湿地系统中可以同时出现，由于湿地植物根部的释氧作用使得植物根毛周围形成了一个好氧区域，这样在根区附近连续出现好氧、缺氧和厌氧状态，为亚硝酸菌、硝酸菌和反硝化细菌的大量存在提供了条件。另外，由于微生物种群结构、基质分布代谢活动和生物化学反应的不均匀性及物质传递的变化等因素的相互作用，在湿地系统内部会存在多种多样的微环境类型。而每一种微环境往往只适合于某一类型微生物的活动而不适合其他微生物的活动，这也有利于硝化作用与反硝化作用同时进行。

3. 人工湿地中磷素的去除

人工湿地对磷素的去除作用主要包括湿地填料的吸附沉淀作用、植物吸收作用、微生物的同化作用及聚磷菌的过量摄磷作用。湿地填料去除磷素的能力受自身组成和理化性质影响较大。以土壤为填料时，如土壤中含有较多的铁、铝氧化物，有利于生成溶解度很低的磷酸铁或磷酸铝，使土壤的固磷能力大大增加。若以石灰石为填料时，石灰石中的钙可以与磷生成不溶性磷酸钙。若以pH为中性的填料，影响其磷素吸附能力的主导因素为胶体氧化铁的含量。以钙含量丰富、pH为碱性的填料，影响其磷素吸附能力的主导因素为其钙的含量，选择含钙丰富或者含铁丰富的填料是提高人工湿地磷素去除能力的重要手段，因此对湿地填料做适当优化就有可能取得较好效果。然而，当填料表层交换吸附位饱和或被沉淀物覆盖时，填料的除磷能力就会降低。因此，为了保持湿地填料较好的除磷效果，湿地填料需定期更换。

水中的无机磷是植物生长所必需的营养物质，在湿地系统中，植物可吸收污水中的无机磷，将其同化合成ATP、DNA和RNA等自身有机成分，通过对湿地植物的收割可将这部分磷素从湿地系统中去除。

微生物对磷素的去除是通过聚磷菌对磷素的过量积累（将磷素作为微生物体必需的成分，供生长所需）而实现的。在传统的二级污水处理工艺中,微生物对磷素的正常同化吸收一般只能去除进水中磷素总量的4.5%~19%,污水中大部分磷素的去除主要通过聚磷菌的过量摄磷作用而实现。在人工湿地系统中,湿地植物根系输氧量的多少会随光照强度而相应地发生变化,且湿地内不同区域的耗氧速率亦不同,致使填料层内部会交替地出现好氧和厌氧状态,从而有利于湿地微生物过量摄磷作用的发生。然而有研究表明,植物与微生物在人工湿地磷素的去除过程中起的作用很小,人工湿地中磷素的去除主要是通过填料的吸附沉淀作用完成的。

四 人工湿地强化增氧技术

1.潜流湿地强化增氧的必要性

潜流湿地作为一种常见的人工湿地类型,因其具有结构简单、操作管理方便、能耗小及投资少等特点,近20年来在世界各地被广泛用于处理各种类型的污废水,尤其适合我国农村地区的污水治理。

潜流湿地中氧气的主要来源为大气向湿地的扩散和植物根部的传输。多数研究显示,大气表面的增氧强度在(0.50~1.00)g/(m^2·d)范围,植物根系的氧传输强度在(0~0.03)g/(m^2·d)范围。然而,大气的扩散会受湿地基质的阻滞,致使床体内部DO浓度较低,导致有机物的氧化和NH_4^+-N硝化反应不彻底,严重制约了潜流湿地对有机物及氮的净化效率,湿地出水中的COD和NH_4^+-N指标很难满足越来越严格的排放标准。因此,改善潜流湿地基质内部DO的环境、提高潜流湿地内部获得氧气的能力被认为是提升湿地系统COD和NH_4^+-N去除率的关键因素。

2.强化增氧潜流湿地处理效果

有研究表明,不论是在冬季还是夏季,对湿地进行人工增氧均可增强非植物单元的凯氏氮(TKN)去除率,对植物单元实施人工增氧措施亦可提升TKN的去除率。任拥政指出,通过不同形式的充氧可改善湿地内DO的分布状态,对COD和NH_4^+-N的去除效率可分别达到60%和90%。王世和对湿地内部DO和曝气气水比进行的研究说明:曝气可明显改善湿地的处理效果，相对于未曝气的湿地，在气水比为6:1的情况下可将NH_4^+-N的去除率由70%提高到84.2%，TN的去除率由65%提高到83.1%。

为了提高湿地床体内DO浓度、增强潜流湿地污染物的去除效率，国内外学者采取了多种潜流湿地强化增氧措施，以改善湿地内部的供氧环境。

3.潜流湿地强化增氧技术

(1)预曝气

预曝气是指在污水进入湿地系统前，首先设置曝气池对其曝气，提高DO浓度以改善湿地内部缺氧环境，增强硝化作用。

苏畅等人对水解酸化–预曝气–人工湿地组合工艺处理生活污水的研究表明，经过预曝气后，组合工艺对COD和NH_4^+-N的去除率可分别达到75%~85%和75%~87%。对比有无预曝气条件下的组合工艺出水浓度发现：预曝气出水NH_4^+-N浓度为4.3~8.2 mg/L，而未曝气出水NH_4^+-N浓度始终保持在10~20 mg/L，NH_4^+-N去除率在预曝气后提高明显；预曝气较未曝气的出水COD有提高，但是浓度相差很小，说明潜流湿地前预曝气的作用主要是对水体充氧，增强硝化反应，但对改善湿地内部DO水平，提高有机物去除效果不明显。

(2)跌水曝气

有研究提出了一种跌水曝气潜流湿地的工艺流程，由一级或多级串联的跌水曝气潜流人工湿地构成，通过每级之间跌水挡板的作用对污水进行增氧。

高长飞的研究指出，在0.6 m高的范围内，运用跌水曝气技术使水中DO的浓度随高度的增加而增加，跌水曝气增氧预处理效果明显，能够满足人工强化生态滤床增氧量的要求。Li等人将DO控制在3.4 mg/L，利用五级跌水人工湿地时的COD和NH_4^+-N去除率分别达到了90.9%和99.1%。叶芬霞等人通过构建塔式复合人工湿地(TICW)处理农村生活污水，其增氧过程采用阶梯式跌水，NH_4^+-N取得了82%的去除率。

跌水曝气通过污水由高处跌落以达到充氧的目的，虽对进水端DO

浓度的改善效果明显，但同时也会把污水难闻的味道带入空气环境造成二次污染，比较适用于丘陵、山区地形。由此可见，场地条件也是制约跌水曝气应用的因素之一。

(3)潮汐流增氧

有学者对潮汐流人工湿地中硝化/反硝化过程的发生进行了探究。结果发现，该湿地系统的脱氮过程依靠每天两个到多个淹水期和排干期：淹水时，NH_4^+-N被吸附到带有负电荷的植物根系表面，当湿地排干时，吸附的NH_4^+-N在增氧条件下产生硝化作用转化为硝酸根(NO_3^-)。在下一个淹水期，NO_3^-发生解吸作用扩散到水中，此时在缺氧条件下硝酸盐在植物表面微生物的作用下发生反硝化，从而完成一个完整的脱氮过程。

潮汐流人工湿地按时间序列交替地被充满水和排干，通过床体饱和浸润面的变化产生的基质空隙吸力将大气氧吸入床体，提高了湿地床的氧传输量，大气复氧能力可达342.82 g/(m^2·d)，可满足有机物及NH_4^+-N的氧化需氧量，对有机物及NH_4^+-N有较好的去除效果。

张东晓的潮汐流人工湿地床对污水的净化试验表明，在淹没排空比为3∶3和回流比为1∶1的条件下，人工湿地床对COD和NH_4^+-N的去除效率分别为80.2%和61.8%。叶捷研究了冬季低温9~13 ℃时潮汐流人工湿地对污水的净化效果，在水力负荷为0.2 m^3/(m^2·d)条件下，采用3个周期/d的潮汐流人工湿地对COD和NH_4^+-N的去除效率分别为68.96%和48.57%。Liu等人用沸石作为潮汐流湿地的填料，对100 mg/L浓度NH_4^+-N的去除率可高达97%，表明潮汐流湿地对高负荷污染物的冲击仍具有不错的净化效果。

(4)机械曝气

针对人工湿地DO不足的问题，国内外一些学者采用人工增氧的方法来改善湿地内部DO水平，即利用管道系统在湿地床内产生多样气泡帘，污水在湿地床体流动的过程中，依次发生碳化、硝化、反硝化作用，从而使其中的有机物和NH_4^+-N得以降解。

Claudiane等人在种植了菖蒲的水平流湿地模型进水端人工曝气，其COD和TKN的去除率可分别达到90%和70%，污水中TKN去除率比未曝气条件下提高了9.4%；Fan对机械间歇性曝气湿地的研究证明，间歇性曝气可以充分发挥湿地床体内部硝化、反硝化菌对NH_4^+–N的处理作用，NH_4^+–N的去除率最高可达95%；还有学者在实验中通过控制曝气情况采用三级硝化，在取得较高NH_4^+–N去除率的同时也证实曝气可有效改善湿地内部的水力传导性；鄢璐等人通过对复合潜流湿地前端进行强化供氧，有机质的去除率比未曝气提升了10%，TN的去除率为60%以上。

4.湿地强化增氧技术展望

表3–3总结了以上4种湿地增氧技术措施的去除率和优缺点，其中机械曝气对COD、NH_4^+–N等主要污染物的去除效果表现最好，虽然其耗能大且会增加部分经营成本，但在越来越严格的排放标准的约束下，采用机械曝气形式的潜流湿地无疑是一种最佳选择；此外，多点进水、出水回流等措施也可以改善湿地床体中的DO浓度，提高污染物去除率。

表3–3　潜流湿地主要增氧措施比较

增氧形式	主要污染物去除率(%)			优点	缺点
	COD	NH_4^+–N	TN		
预曝气	75~85	75~87	54~67	预充氧诱导植物根系，利于提高湿地系统净化效率	耗能大、改善湿地内DO水平有限
跌水曝气	83~84	82	70~74	耗能小、均衡湿地床填料内的DO分布	受场地条件和卫生条件限制
潮汐流增氧	80	60	70	增氧能力强	操作复杂、长期运行床体逐渐阻塞，水力传导性变差
机械曝气	90	93~98	70~75	充氧效果好，充氧量可调节	耗能大

潜流湿地强化增氧技术的应用加强了湿地床体内部的矿化和硝化过程，但仍需要运用潜流湿地的物理、化学和生化协同作用；同时考虑温

度、光强等自然条件对潜流湿地强化增氧效果的影响,从曝气方式、床体结构和水力性能等方面研究强化增氧技术,进一步提升潜流湿地系统对污染物的净化能力,并形成可靠的工艺参数。

五 人工湿地强化除磷技术

湿地基质的吸附与拦截作用是人工湿地除磷的主要机制,因此如何筛选高吸附容量且低成本的湿地基质,是有效提升人工湿地除磷效果的关键。

1.人工湿地除磷基质的种类及特点

表3-4列举了近年来常用的人工湿地除磷基质种类。目前,人工湿地除磷基质大致可分为四大类:天然矿物型、人造材料型、工业副产物型、养殖副产物型。

表3-4　人工湿地除磷基质分类及常用种类

分类	主要种类
天然矿物型	砾石、白云石、石灰石、草炭、磁铁矿石、火山岩、粗砂、沸石、麦饭石等
工业副产物型	煤渣、炉渣、钢渣、粉煤灰等
养殖副产物型	牡蛎壳、海蛎壳等
人造材料型	页岩陶粒、黏土陶粒、改性材料等

天然矿物型基质直接取之于自然界,具有低成本、高储量等优点,为当前湿地基质应用中使用最广泛的基质类型。在天然矿物型基质中,常被应用于人工湿地的有砾石、石灰石、沸石、粗砂、火山岩、红壤等,但部分天然矿物型基质存在容易堵塞、除磷效果不够理想或是不利于植物生长等问题,为此如何合理配置各种天然矿物型基质或是将天然矿物型基质与其他材料进行组合强化,已成为当前提升湿地基质床除磷性能的研究热点。

人造材料型除磷基质是一类基于原材料、利用物理或化学等手段将其改性或修饰,以达到高效吸附除磷目的的基质类型。尽管这类基质展示了理想的除磷效果，但因其成本较高，在实际工程应用中难以实现。

将工业制造或伴随采矿、选矿产生的经济价值不高的副产物，合理利用为湿地除磷基质，可有效实现“以废治废”、降低建设成本等目标。但工业副产物型除磷基质易受生产工艺、原材料等因素影响，建议应用前先进行可行性或相关分析，以免造成二次污染。因此，工业副产物型除磷基质能否安全应用于工程中仍需大量研究。

养殖副产物为养殖水产或其他动物因其部分部位不可食用而产生的无经济价值的副产物，如牡蛎壳、海蛎壳等。牡蛎壳虽然活性氧化钙含量高，对磷去除率高，但其有良好的抑菌效果，导致对氨氮、COD等污染物去除率不高。

表3-5列举了常被应用于人工湿地的基质种类及应用现状，对其应用优势、限制条件及成本价格进行归纳，为今后合理选配湿地除磷基质提供参考。

表3-5 人工湿地基质应用现状

基质	种类	材料特点	应用优势	应用限制	市场价格（元/t）
沸石	天然矿物	天然沸石是一种天然形成的硅铝酸盐矿石，具有比较大的表面积、优良的离子交换性能和吸附性及丰富的储量。Qm=0.087~ 0.370	适合微生物挂膜，对COD及氨氮去除效果较好	不同产地的沸石对磷的去除能力可能有较大区别	270
白云石	天然矿物	白云石化学成分为$CaMg(CO_3)_2$，白云石为白色，部分呈现为粉红色、棕色、灰绿色等色是因为其中含有其他金属元素或杂质。Qm=0.014	价格低廉，来源较广	吸附容量较小，投产后需常更换，且通透性较差	60
草炭	天然矿物	草炭是煤的初始形态，又称“泥煤”或“泥炭”，主要成分为有机物。Qm=2.439	分布较广，遍及全世界，除磷能力较强	由于粒径过小，作为基质容易堵塞	100

续表

基质	种类	材料特点	应用优势	应用限制	市场价格(元/t)
石灰石	天然矿物	主要成分是$CaCO_3$。Qm=0.233	价格低廉，机械强度高，除磷能力较强	不利于微生物生长繁殖，通透性较差	90
粗砂	天然矿物	粗砂为粒径大于0.5 mm的砂，主要成分为SiO_2。Qm=0.040~0.111	价格低廉，来源广泛，通透性较好	对各类污染物去除能力较差	157
黏土陶粒	人造材料	黏土陶粒是一种陶瓷质地的人造颗粒。以黏土、亚黏土等为主要原料，经加工制粒、烧胀而成，粒径在5 mm以上的轻粗集料称为黏土陶粒。Qm=0.132~0.491	结构稳定、吸附能力强、易于操作和可循环利用，可承载较高水力负荷，通透性强	不同厂家的制造工艺不同，导致除磷效果差异大	99
粉煤灰	工业副产物	又称“飞灰”，为煤电厂燃煤除尘收集的细灰，也是煤电厂的主要产出固废，主要成分为SiO_2、Al_2O_3、Fe_2O_3。Qm=4.041	机械强度高、热稳定性好、表面能高，吸附能力强	碱性过强，不利于大部分植物和微生物生长，需组合其他基质再应用	140
页岩陶粒	人造材料	页岩陶粒是以页岩陶土为基料，经高温煅烧而成，其主要成分是SiO_2和Al_2O_3，是人工湿地中常用的基质之一。制造工艺简单，且原料页岩矿藏丰富，强度及吸附性能较好。Qm=0.119~0.232	活性高，制造成本低，吸附性能较好	不同厂家制造工艺不同，导致除磷效果差异大	105
砾石	天然矿物	砾石是指平均粒径大于2 mm且小于64 mm，有尖锐棱角的岩石或矿物碎屑，pH为8.76，偏碱性。Qm=0.081~0.232	价格低廉，来源较广	对磷的吸附效果一般，预计使用寿命较短	34
钢渣	工业副产物	炼钢过程中产生的副产物。主要成分为氧化钙。Qm=1.1~35.5	价格低廉，除磷效果极佳	碱性过强，不利于植物生长，需组合其他基质应用	82

续表

基质	种类	材料特点	应用优势	应用限制	市场价格(元/t)
麦饭石	天然矿物	麦饭石是一种天然的硅酸盐矿物。Qm=0.724	表面带负电，对正电荷的污染物如重金属、亚硝酸盐等有较好吸附效果	除磷效果较好，但工程应用造价高	300
火山岩	天然矿物	火山岩为地球内部岩浆经由火山口喷发后冷凝形成的岩石，其中微孔体积占比在50%以上。Qm=0.873~1.172	多孔结构，具有较大表面积，比重轻，抗腐蚀，对磷吸附效果好	不耐磨，机械强度不高，易被产生的细小颗粒堵塞	120
煤渣	工业副产物	煤渣为燃煤设备所排出的废渣，如火力发电厂、工厂或家用锅炉燃煤产生的废渣。主要成分为SiO_2、Al_2O_3。Qm=1.116~1.221	结构多微孔，比表面积大，对各污染物吸附效果较好	材料的性质因原材料和制作方法不同而有所不同。应用前应先研究其吸附效果	56
牡蛎壳	养殖副产物	牡蛎壳中含有大量的碳酸钙，其含量高达90%以上，本身呈碱性，大部分牡蛎壳作为生活垃圾被收集填埋。Qm=5.618	价格较低，强度高，耐磨性好，除磷效果较佳	碱性过强，抑菌效果好，不利于大部分植物和微生物生长，需组合其他基质后再应用	140
磁铁矿石	天然矿物	其主要成分是FeO与Fe_2O_3，具有强磁性，为多块粒状的集合体。Qm=0.068~0.270	来源广泛	价格偏高，除磷效果一般，不适合大规模应用	120
炉渣	工业副产物	火法冶金过程中生成的负载金属等液态物质表层的熔体。组成以氧化物为主，pH为10.55，偏碱性，炉渣经高温烧结，孔隙率高。Qm=0.815~3.15	是一种廉价的基质，对磷去除效果较好	强度和孔隙较高，磷素吸附能力强，但碱性过高，不利于植物和微生物生长	70

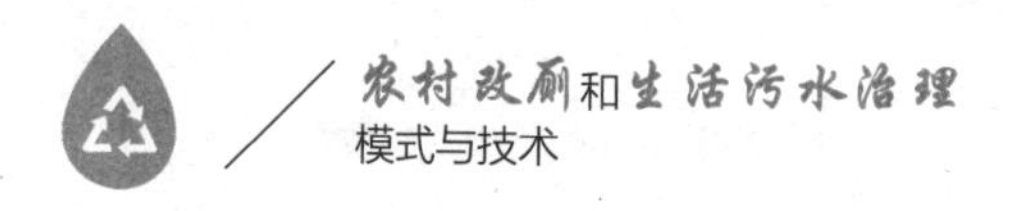

2.湿地基质除磷机理

在人工湿地系统中，磷主要以3种形式存在：无机磷酸盐（$H_2PO_4^-$、HPO_4^{2-}、PO_4^{3-}）、聚合磷酸盐（pyro-、meta-、poly-）和有机磷酸盐，其中有机磷酸盐占比最大。由于聚合磷酸盐、有机磷酸盐易水解或多步分解，最终以无机磷酸盐形式存在，因此无机磷酸盐的去除成为人工湿地除磷的关注焦点。将底层滤料的截留过滤、上层植物的吸收转化和中层微生物的富集降解三者联合使用是人工湿地中除磷的主要方式。在植物生长过程中，植物不断吸收和积累磷，合成DNA、RNA、ATP等有机成分。但当植物停止生长、枯萎后，会重新回到湿地系统中释放磷，因此需要定期收割，方能从湿地中移除植物吸收的磷。有研究表明，植物除磷的直接贡献率一般较低，不同的植物吸收磷的效率也有不同，一般在20%以内。微生物除磷途径有同化吸收与过量积累作用。磷作为微生物自身生长所必需物质，可被微生物吸收富集在体内。聚磷菌在有氧条件下可过量吸收污水中的磷酸盐，并转变为体内的内含物而被固定。但微生物所固定的磷，易受微生物生命活动影响而处于吸收和释放的动态变化中，即所固定的磷在微生物死亡后迅速分解重新释放回归底泥中。研究表明，微生物除磷途径贡献率仅为14.5%。凌云等人经研究确定，对人工湿地投入微生物制剂，TP去除率仅比空白组高出2.6%。湿地除磷研究中普遍认为，基质对磷的去除占主要作用，分为物理吸附和化学吸附（图3-12）。物理吸附包括两方面：一方面磷在浓度差的影响下，通过扩散作用，磷酸盐沿基质的微孔结构向中心扩散，同理，在基质吸附饱和后，基质中磷浓度高于污水磷浓度时，容易发生释磷现象；另一方面，部分基质表面材质带正电荷，易与磷酸根离子结合，进而形成难溶于水的沉淀附着在基质表面。但基质对磷的化学吸附易受基质理化性质、pH、氧化还原电位、基质比表面积等因素影响。一般而言，钙、铝、铁含量高的基质除磷效果较理想。除此之外，基质的吸附过程有限，即随着系统的长期运行，基质不断吸附磷并逐渐达到饱和状态，进而无法继续吸附。因此，选用高吸附力和高吸附容量的湿地基质显得尤为关键。

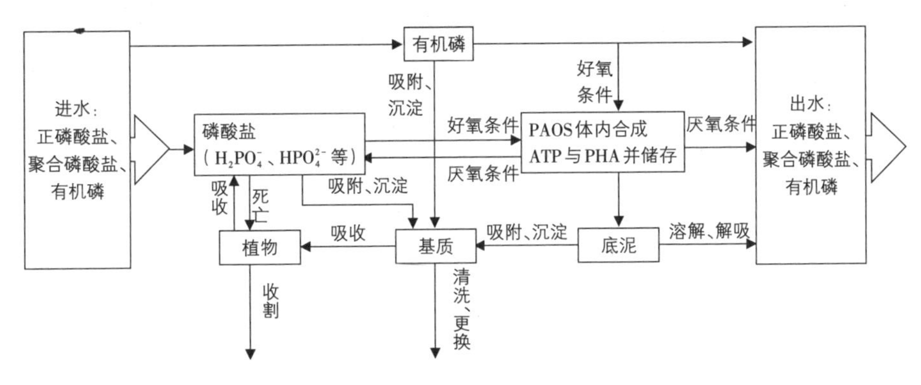

图3-12　人工湿地中磷素的迁移转换模型

3.存在问题与展望

(1)除磷基质的种类与配置

在实际应用中，湿地基质的配置必须兼顾除磷作用和成本问题，其中成本问题是主导因素，致使当前除磷基质大多以沸石、石灰石、砾石等成本低廉型的天然基质为主。其种类较为单一，除磷性能较一般，难以达到高效除磷的目的。有的工业副产物如钢渣，价格低廉，且具有优良的除磷效能，但因其pH过高不利于植物生长，出水pH也难以达标，因此很少单独用于实际工程中。但若将钢渣类基质与低成本酸性基质进行合理配置，降低生态风险，使出水水质达标，在满足低成本的实际问题上，有效实现高效除磷目标。然而这部分的研究仅处于实验室阶段，在工程中应用的可行性还有待进一步验证。

(2)基质饱和与堵塞问题

基质的饱和与堵塞是制约人工湿地去污效果及其使用寿命的关键问题。其原因主要是人工湿地长期运行，悬浮物的截留和污染物不断积累，导致基质渗透系数下降，而基质对污染物的不断吸附，使得其净化力逐渐降低，最终导致吸附容量饱和、系统堵塞。目前，应对堵塞问题，大致有以下方法。一是做好预防措施，包括前期处理与基质选择。在潜流湿地前增加表流湿地，去除大部分颗粒性悬浮物质，降低后续单元负荷；选择粒径、水力渗透系数较大的基质，采用反级配基质延缓堵塞的进程。二是采取恢复性措施，包括更换部分已污染基质、向湿地中投入氧化剂或蚯蚓等。以上方法对基质堵塞有一定延缓效果，但提高人工湿地内部生物降解力和基质吸附容量是有效解决基质饱和与堵塞问题的根本，如筛选与研制高吸附容量除磷基质，或构建具有再生性功能的湿地微环境等。

六 人工湿地强化脱氮技术

近年来，诸多学者对人工湿地强化脱氮进行了相关研究。总结可知，可考虑从施加强化措施、优化装置构型和添加电子供体三个方面对人工湿地的脱氮效能进行改进。

1.通过施加强化措施来优化人工湿地的脱氮性能

(1)回流措施

多位学者证实，采用出水回流能够提高CW的出水水质。这种方法主要是通过回流泵将系统的部分出水回流至系统的进水口。出水回流的主要目的是增强湿地基质层中功能微生物的活性，进而提高湿地系统的运行性能。通常而言，回流措施的应用主要发生在潜流式人工湿地中，包括HFCW、VFCW和TFCW，其中的回流比一般为0.5~2.5。

法国学者Prost-Boucle和Molle研究了在VFCW中使用出水回流措施替代原来含有两个处理阶段的传统VFCW，考虑到所研究的回流式单级VFCW面积为1.1~1.6 m^2/p.e，处理性能接近于总面积为2 m^2/p.e的二级传统VFCW系统；这一结果表明出水回流对CW废水处理的性能提升具有积极作用。出水回流措施在水平和垂直潜流混合人工湿地中的应用也被证明在提高TN去除率方面是有效果的。Lavrova和Koumanova提出，通过研究VFCW小试装置中出水回流对垃圾渗滤液处理的影响，发现还应当考虑适当的出水回流比。然而，由于HLR的增加，出水回流可能会导致HFCW运行效果出现问题，而在具有高水力传导率的VFCW系统中，它却是一种易于应用且有效的方法。Stefanakis和Tsihrintzis研究了出水回流措施对中试规模水平潜流人工湿地污水去除率的影响，实验结果却表明出水回流并没有提高去除率，反而对湿地性能产生了负面影响，导致所有污染物去除率降低。然而，Arias等证实，当经硝化过的回流水与富含有机碳的进水混合时，通过垂直流人工湿地的处理和硝化过的回流水经反硝化增大了对TN的去除，同时还去除了其他废水成分。

使用出水回流措施来提高人工湿地的性能取决于许多因素，包括人工湿地的类型和进水负荷；对于全面运行的设施，还需考虑到因输水泵的额外能源消耗而增加的运营成本。

(2)人工曝气措施

CW中过低的氧气传输率通常会限制此工艺的污水处理效果。对CW施加人工曝气措施可以克服氧传输困难的问题，达到高效的污水处理效果。用压缩空气的方式对CW进行曝气，脱氮所需功率约为同等性能和尺寸的活性污泥系统的一半。尽管HFCW和VFCW都可以通过曝气改善出水水质，但主要还是适合在VFCW中使用。因为潜流人工湿地中24 h不间断的人工曝气无法保证厌氧反硝化所需的环境条件，会导致NH_4^+-N和TN的去除产生矛盾。为了使硝化和反硝化同步进行，间歇式曝气应是实现高TN去除率的一种有效方法，且间歇曝气比连续曝气更节省能源。Fan等人发现了一种潜流式人工湿地的间歇式曝气，其中，氨氮去除率约为90%(3.5 g/m^2·d)，TN去除率为80%(3.3 g/m^2·d)。此外，还在实验室中进行基于明矾污泥的人工湿地脱氮研究，采用间歇式曝气措施后，证明了该系统在46.7 g/m^2·d的氮负荷下，平均总氮去除效率可达到90%。

对潜流式人工湿地进行曝气会增加设施运营维护的成本，只有当其运行周期成本被减少湿地面积的净节省成本所抵消时，曝气才算是经济的。湿地设计时还需要考虑到人工湿地内空气扩散器的堵塞污染以及扩散器组件需要定期清洁和更换。除了提高污染物的去除率外，人工曝气还会增加人工湿地中的固体颗粒物积累。因此，人工曝气具有两面性：一方面曝气(气体鼓泡)减少了悬浮固体的沉降，从而可以更好地将它们从系统中冲洗掉；另一方面，曝气也会导致更多的微生物产生，增加了微生物活性，导致微生物群落结构多样化。此外，这种方法还会影响人工湿地床内的其他过程。因此，应进一步探究人工曝气对人工湿地的长期影响状况，例如堵塞等影响因素。

(3)潮汐流运行措施

潮汐流是解决传统人工湿地中氧气传输受限的一种方法，其特点是每天有多个周期性的进水和排水循环。随着废水的填充和排放，空气被吸入土壤孔隙中并迅速氧化生物膜和剩余的水膜，强化硝化作用主要发生在湿地床的排水过程。因此，吸附到生物膜/土壤颗粒上的氨化离子溶解在土壤颗粒和根茎表面上的剩余水，硝酸根离子在随后的溢流阶段解吸到原水中，并通过以有机碳作为电子供体的反硝化装置还原为氮气。交替的好氧和厌氧环境增强了氮素去除。该技术已在多项研究和项目中得到证明，并且只需要人工曝气湿地约一半的功率。对于这项技术，大多数研究都是在实验室小规模进行的，因此需要进一步扩大规模和多点试验研究，以更好地了解污染物去除机理。

潮汐流人工湿地的性能取决于许多因素，如淹没排空比、氧气的输送和底物特性。Zhao等人以三种不同淹没排空比来优化五级潮汐流人工湿地处理高浓度农业废水，实验结果表明，该系统以较短的饱和期和较长的非饱和期产生了最高的污染物去除效率，突出了氧气转移到芦苇床基质中的重要性。此外，在这种潮汐流模式下运行的基于明矾污泥的试验性田间规模的人工湿地显著提高了对动物养殖场废水除磷和去除有机物的能力。然而，随着悬浮物的过滤和生物量的积累，芦苇基质逐渐堵塞，影响了潮汐流芦苇床系统的效率。聚集体(或介质)的阳离子交换能力(CEC)被证明会影响潮汐流湿地处理系统的处理性能。较高的CEC可以在溢流阶段促进更多的氨氮吸附并增加N的去除。在一项专栏研究中，将静电中性的高密度聚乙烯与CEC约为4.0 meq/100g的轻质膨胀页岩骨料进行了比较，结果表明，进水和排水湿地中聚集体或介质的CEC应该是一个重要的设计指标。因此，今后应注重选择具有高CEC的基质，并且还应考虑到基质的寿命和表面的生物膜对阳离子交换的影响。对于有机碳含量低的高浓度氨氮废水，潮汐式也可用于部分硝化和随后的厌氧氨氧化。然而，在固体过滤系统中控制有限的氨氮氧转化为亚硝酸盐的过程仍然是很困难的。

(4)跌水曝气措施

针对传统人工湿地污染物去除效率低和氧气传输能力有限的问题，出现了一种采用跌水曝气的新型VFCW。在该研究中，研究人员在两个面积为0.75 m^2的VFCW中试系统中研究能否通过多级、双层跌水曝气增强氧气传输能力及其相应的污染物处理性能。结果表明，与直接跌水曝气相比，多级、双层跌水曝气单位高差提供的进水溶解氧高出2~6 mg/L。在尝试使用六级、双层跌水曝气后，BOD_5去除负荷从8.1 g/(m^2·d)增加到14.2 g/(m^2·d)。VFCW的跌水曝气具有许多优点，如投入低、运行成本低、维护方便、水力负荷率高、污染物去除效率高、不易堵塞等，在长期研究过程中(2009年1月至2011年3月)没有出现任何运行问题，因此它或许可以成为农村污水处理的一项替代方案。跌水曝气能在亚热带地区全年使用，在夏季温和气候带也同样能很好地发挥作用。然而，低温会使进水的跌水装置在寒冷气候下冻结，且如果暴露在空气中的废水处理不当，还可能会滋生细菌。

(5)往复流措施

HFCW被广泛应用于处理废水，但在潜流式人工湿地的运营中有一个常见问题就是其容量容易受到堵塞问题的限制。Shen等人通过周期性改变流向发明了一种新的运行模式，并研究了其对污染物的去除性能。通过3年的实验，结果表明，新型运行模式的CW相较于传统运行模式取得了更好的污染物去除效果。对微生物的试验表明，往复流动时微生物数量较多，有效防止了有机物的积累。传统潜流式人工湿地水位计读数逐渐上升，而往复式人工湿地水位保持稳定，这也反映了传统湿地堵塞问题的严重性。在整个运行期间，往复式潜流人工湿地没有任何堵塞问题，而传统运行模式的潜流式人工湿地由于入口区污染物的积累而存在明显的堵塞问题。

(6)蚯蚓强化措施

在处理高浓度有机废水时，基质层堵塞是影响潜流式人工湿地高效稳定运行的主要障碍之一。通常而言,湿地基质层中填料的粒径越小,湿地进水中的BOD负荷也需要随之减小,不然便会引起基质层的堵塞。诸多文献报道,蚯蚓在生态系统中发挥着重要作用,此类生物可以分解多种有机物,能够以蚯蚓微生物生态过滤池的形式净化废水。鉴于此,为了解决基质层堵塞问题,近年来蚯蚓也被引入到潜流人工湿地中。Davison等指出,引入蚯蚓可有效缓解水平潜流人工湿地中的基质堵塞问题。在随后的实验室小试规模和中试规模的研究中,这一设想得到了进一步的验证。相关结果表明,蚯蚓的引入有助于减少垂直潜流人工湿地小试装置表面的污泥产量(按体积40%算),从而降低了排泥和处理污泥所需的运营成本。另一方面,在潜流人工湿地中引入蚯蚓还可以提高湿地植物的密度和生物量,从而提高其对氮磷营养盐的吸收量。

(7)生物强化措施

对人工湿地实施生物强化措施是将具有促进生物降解特性的微生物补充到基质床中,以加快其中污染物的生物降解速率。为使人工湿地达到稳定的处理效果,该工艺在投入使用后通常需要经过一段时间的适应期来提升其对污染物的去除能力。生物强化措施的实施能够有效缩短系统的适应期时长,也能促使人工湿地对某些特定的污染物进行降解,如杀虫剂和有机化学药品等。Runes等人研究了生物强化措施对人工湿地去除莠去津的影响。结果表明,向人工湿地中投放高效微生物菌种后,系统对莠去津的矿化率可达25%~30%,其运行性能优于未施加生物强化措施的莠去津矿化率仅为2%~3%的人工湿地。Zavtsev等人研究了在湿地基质床中添加低浓度的沉积物/微生物群落悬浮液对HFCW反硝化能力的影响,研究结果表明,生物强化措施的施加可提高HFCW的反硝化能力及其TN脱除性能,但同时应看到,生物强化措施的有效性受到了环境因素的显著影响。

2.通过改进装置构型优化人工湿地的脱氮性能

(1)循环流廊道型人工湿地

在过去的几十年中,人工湿地凭借着其成本效益和效率优势得到越来越多地应用。然而，如果将传统的潜流湿地直接用于高浓度废水的处理，系统运行上就会出现一些问题，如高浓度氨氮对植物的抑制作用及缺氧导致大量有机物降解等。考虑到湿地内处理后部分废水的回流有利于去除总氮，Peng等开发了循环流廊道湿地，其以循环流操作模式处理养猪废水，几个隔间连接在环形廊道中，用于污水收集的最终隔间中的溢流堰可以控制一定量经过处理的废水回流到进水区。对于养猪废水等高浓度废水的处理来说，这种循环不仅可以提高总氮的去除率，还可以稀释进水浓度，避免过高浓度污染物对植物和微生物的负面影响。此外，研究还发现循环流廊道人工湿地还可以避免低温对去除性能产生的不利影响，这可能是由于内部的循环流所导致的。同时，这种内部循环流模式可以缓解湿地多孔介质的堵塞，提高了沸石中释放的Ca^{2+}和Mg^{2+}对磷的去除效果。

(2)塔式复合潜流人工湿地

为了增强CW系统对氮素的去除效果，Ye和Li设计了另一种新型三级人工湿地结构，即塔式复合潜流人工湿地。在该系统中，第一级和第三级是矩形的水平潜流人工湿地，第二级是圆形的三层表面流人工湿地。在湿地的第二阶段，塔式梯级溢流系统由上层向下层被动曝气增加溶解氧浓度，提高了湿地硝化速率。由于进水直接进入系统第二级，避免了有机物过度消耗，反硝化率也得到了提高。TSS、COD、NH_4^+-N、总氮和TP的平均去除率分别为89%、85%、83%、83%和64%。在低水力负荷和高水力负荷(16 cm/d和32 cm/d)下，性能没有显著差异。硝化和反硝化细菌及潜在的硝化活性和潜在的反硝化速率测量表明，硝化-反硝化是该类型湿地脱氮的主要机制。

(3)挡板式潜流人工湿地

为了提高污染物去除率，研究人员开发设计了一种新型的水平潜流人工湿地，该设计是将上下流顺序结合为折流式潜流人工湿地。这种设计允许同一人工湿地可在多个好氧、缺氧和厌氧条件下依次处理污染物。其运行是通过沿湿地宽度插入垂直挡板来实现的，这迫使废水在从

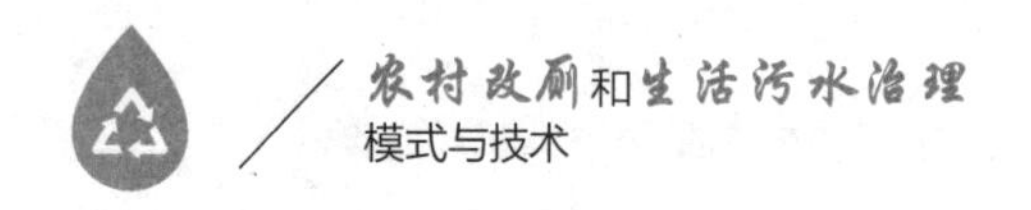

入口到出口时上下流动，而不是水平流动。结果表明，插入的挡板装置在HRT为2 d、3 d和5 d时分别实现了74%、84%和99%的NH_4^+-N去除率，而传统装置的去除率为55%、70%和96%。增设挡板装置之所以可以取得更好性能，是因为其延长了废水运行路径，因为依次上下流动使得废水与根部/根茎和微需氧区有了更多的接触。此外，在设计时必须考虑由于水流路径较长而导致的总坡度设计的变化。

(4)微生物燃料电池型人工湿地

微生物燃料电池由厌氧室和好氧室组成，其中主要发生氧化还原反应。假设人工湿地也由好氧区和厌氧区组成，这两种技术的相似性促使了人工湿地与微生物燃料电池的结合(人工湿地-微生物燃料电池)。阴极被放置在靠近湿地床根部的上部，由于空气从外层大气直接扩散和螺旋藻(新兴水植物)根部的氧气损耗，该区域比深处的少根系的区域更需要氧气。阳极置于微型人工湿地的底部，因为该区域氧气含量相对较少，适合MFC的阳极反应。但实验有一定局限性，发电量的结果变化较大。Fang等人在两个人工湿地-微生物燃料电池系统中也研究了植物的作用，在种植番薯和不种植番薯的条件下处理偶氮染料废水。结果表明，通过提高阴极中氧的浓度，阴极周围的植物可以增加微生物燃料电池的输出电压。Zhao等人还研究了阴极曝气对人工湿地微生物燃料电池中的影响，发现功率密度显著增加。微生物燃料电池与人工湿地的结合有可能同时达到发电和废水处理的双重效果。在不久的将来，这种结合是否会产生较低的建设和运营成本，并且具有与其匹配的经济效应，仍然有待考察。虽然还不清楚微生物燃料电池是否会对人工湿地实现高效的废水处理能力产生不利影响，但微生物群落的结构和功能对外部电路的响应也具有科学意义。

3.通过外加电子供体优化人工湿地的脱氮性能

(1)外加有机碳源

在过去的几十年里，人们研究了通过添加各种碳源，如葡萄糖、醋酸钠、甲醇、淀粉和纤维素，来提高CW的反硝化效率。Lin等人建立了一些微型生态湿地来研究添加外源有机物对地下水中硝酸盐去除的影响。结果表明,CW对硝酸盐的去除效率显著高于对照组,说明外加有机碳源促进了硝酸盐的有效去除。尽管向进水中添加外源碳源可以提高硝酸盐的去除,但添加的有机碳源有很大一部分被湿地中的其他微生物过程(如氧化)消耗,这也会增加成本。

(2)填充有机填料

因为添加外源碳受到高成本的限制,由此促进了人们对在湿地系统中采用代替外源碳的低成本替代品来加强反硝化作用的探索,富含有机碳的固体有机材料是满足反硝化过程中电子供体需求的可能选项。Saeed和Sun在6个实验室规模的人工湿地中(包括HFCW和VFCW),对不同材料(砾石、有机木材覆盖物和砾石-木材覆盖物的混合物)的脱氮效果进行了比较。含有有机覆盖基质的垂直流湿地对BOD_5和TN的去除效率较高,这主要是由硝化作用的氧传递能力增强和来自木材覆盖基质的有机碳对异养反硝化作用的强化导致的。在水平流人工湿地中,常规砾石基质对NH_4^+-N和有机质的去除效果最好。相比之下,另外两种采用木材覆盖和砾石覆盖介质的水平流人工湿地,反而会导致合成废水中有机物、磷和总悬浮固体的净增加。总的来说,研究结果表明,在垂直流人工湿地中使用有机材料可以提高总氮的去除,但有机材料不适合应用于在水平流人工湿地。

(3)分段进水式人工湿地

为了有针对性地强化人工湿地处理高硝酸盐、低有机物废水时的反硝化作用,可采用分步进水策略,沿湿地水流长度划分多个废水流入点,将废水逐步流入湿地床。虽然目前关于湿地系统废水分段进水的研究文献较少,但已有学者提出了分段进水的策略。在中试规模的系统中,采用了分步进水的概念,以更有效地利用整个湿地表面积,并通过将悬浮固体和有机负荷分布在湿地的大部分进水中的方法,避免快速堵塞。除了提高湿地床层的有效利用率外,在将原水中的有机物分配到湿地的后续工艺中,通过分段进水强化碳源的反硝化作用更为重要,应仔细研究和优化该设计/操作参数，避免上一阶段湿地处理的废水受到二次污染。

(4)硫自养反硝化型人工湿地

Bezbaruah和Zhang构建了实验室规模的硫自养反硝化型人工湿地，该湿地系统未种植水生植物，其基质层中填充了单质硫和石灰石以期增强其中的自养反硝化作用，进而优化系统的硝酸盐去除效果。此湿地系统中设有硝化区、硫/石灰石(S/L)自养反硝化区和厌氧区。S/L自养反硝化区去除的硝态氮占整个湿地系统硝态氮去除总量的21%~49%。若改变S/L自养反硝化区的位置(距入口1.78 m、2.24 m和2.69 m)，在氮去除方面并未发现有显著差异。然而，在没有S/L自养反硝化区的情况下，总无机氮去除率呈现出下降趋势，出水 NO_3^--N 浓度增加了约2倍(从约3.56 mg/L到4.09 mg/L，再到9.13 mg/L)。当硫自养反硝化型人工湿地运行时，在S/L自养反硝化区后会同时出现 NO_3^--N 浓度急剧下降和 SO_4^{2-} 浓度急剧增加的现象，由此证实了S/L自养反硝化区中自养反硝化作用的存在。此外，硫自养反硝化型人工湿地系统的 N_2O 排放量可能高于其他传统的人工湿地，但目前还没有这方面的数据报告。相比之下，在人工湿地中设置S/L自养反硝化区可强化系统中的自养反硝化作用，有助于系统摆脱有机碳源的束缚。另外，S/L自养反硝化区的设置还有助于减缓硫自养反硝化型人工湿地的堵塞进程。虽然还需要进一步的研究，但S/L自养反硝化区的实际位置应该在湿地的末端。考虑到S/L自养反硝化区中 SO_4^{2-} 的产生及受纳水体中 SO_4^{2-} 浓度过高产生的不利影响，S/L自养反硝化区后应铺设砾石填充厌氧 SO_4^{2-} 还原床。然而，在没有足够的有机碳作为 SO_4^{2-} 还原床的电子供体的情况下，砾石填充的厌氧 SO_4^{2-} 还原床如何运行则是另一个挑战。

第六节　基于复合潜流人工湿地的农村生活污水处理技术

一　工艺特点

本团队基于安徽农村地区实际情况，研发了复合潜流人工湿地工艺。该人工湿地工艺主要通过填料、微生物和植物的协同作用净化污水。模块化填料的使用提高了污水中氮磷的去除效果；导流设施的布设优化了系统中的水力流态，降低了填料层堵塞的风险；跌水曝气及拔风管的设置强化了填料层的复氧能力；耐寒植物的种植在一定程度上确保了低温下系统的运行性能。该技术投资和运行维护费用低、运行效果好且管理方便。

二　适用范围

该项技术适用于20 m^3/d以下规模的农村生活污水处理，人工湿地大小及其构型可根据农户聚集区的规模、所处地形及进水水量灵活调整。该技术主要以农户家中洗涤所产生的污水、洗浴所产生的污水、化粪池出水及厨用所产生的污水为处理对象，畜禽养殖废水或乡镇企业产生的工业废水则不提倡使用该技术进行处理。该工艺在运行过程中，其进水应进行厌氧预处理，出水则可回用或用于农业灌溉。

三　技术推广情况

复合潜流人工湿地工艺已在安徽省部分农村地区得以示范和应用。截至目前，已建成基于该技术的农村生活污水治理示范点200余处。上述系统的出水水质均满足《农村生活污水处理设施水污染物排放标准》(DB34 3527—2019)一级A标准。

四 水污染防治案例

选择总人口约为150人的农户聚集区作为工程示范点，当该区农村生活污水产生量约为9 m³/d，污水中COD、总悬浮固体（TSS）、TN、NH_4^+-N和TP的平均浓度分别为337 mg/L、183 mg/L、48 mg/L、41 mg/L和7 mg/L时，复合潜流人工湿地工艺可对此生活污水进行高效净化，系统出水中COD、TSS、TN、NH_4^+-N和TP的平均浓度为24.11 mg/L、5.32 mg/L、5.69 mg/L、0.44 mg/L和0.38 mg/L，出水水质满足《农村生活污水处理设施水污染物排放标准》（DB34 3527—2019）一级A标准。

五 技术应用前景

伴随着农村改厕工作的进行与“美丽乡村”建设的推进，探寻高效低耗的农村生活污水资源化利用技术已迫在眉睫。国内外相关研究成果与实践表明，无论是物理化学技术还是生态工程技术（如人工湿地、土壤渗滤技术等），单独应用都不能解决农村生活污水处理及其资源化利用的问题：生物处理工艺要实现脱氮除磷，造价和运行成本都很高，且需要专业化管理，不适合农村实际情况；单纯生态工艺对环境依赖性过强，占地大，亦存在一定的局限性。基于此，对于复合潜流人工湿地污水生态处理技术而言，该工艺将一定的物理化学手段与生态工程有机结合，既节省了成本和运行费用，又达到了稳定的污水处理效果，进而具有较大的市场应用潜力。总体而言，复合潜流人工湿地工艺的推广有助于新型人工湿地工艺的研发及工程化应用，亦可有力推进农村生态环境整治工作的进行。

六 复合潜流人工湿地技术要点

1.基本要求

（1）构成

①复合潜流人工湿地系统包括预处理设施、复合潜流人工湿地和配

套设施。

②预处理设施宜包括格栅井和调节池。

③配套设施宜包括排放口、道路、绿化、护栏、泵房和标识牌等。

(2)选址

①应符合乡镇、村庄总体规划、土地利用规划和饮用水源地保护等要求。

②应考虑土地面积、地形、气象、水文及动植物生态因素等自然背景条件。

③应避免受到洪涝灾害影响,宜设在农户居住区夏季主导风向的下风向。

④应具有良好的交通、供水和供电条件。

(3)内部设施

①合理紧凑布置构筑物及相关设施。

②设施之间应优先采用重力流;需要提升时,应一次提升。

③根据需求设置检修栈道。

2.设计

(1)一般规定

进水水量与水质应符合《农村生活污水处理设施技术规程》(DB 34/T 4297—2022)的规定。工艺流程见图3-13。

基质的选择应遵循“功能良好、成本低廉、就近取材和可再利用”的原则。

农村生活污水 → 预处理设施 → 复合潜流人工湿地 → 排放或回用

图3-13　复合潜流人工湿地系统工艺流程

(2)预处理设施

设计规模为2 m³/d(含)以上的复合潜流人工湿地系统应设置格栅井和调节池,2 m³/d以下的复合潜流人工湿地系统可只设置调节池。

预处理设施设计应符合《农村生活污水处理设施技术规程》(DB 34/T 4297—2022)的规定。

(3)工艺组成

复合潜流人工湿地池体由布水区、处理区、集水区组成;布水区、处理区和集水区应隔开,处理区内应设置导流墙(板);导流墙(板)应使处理区基质层中污水呈上下折流形式,污水流态见图3–14;结合场地、工艺及进水水质等特点,复合潜流人工湿地设计时可采用多级形式。

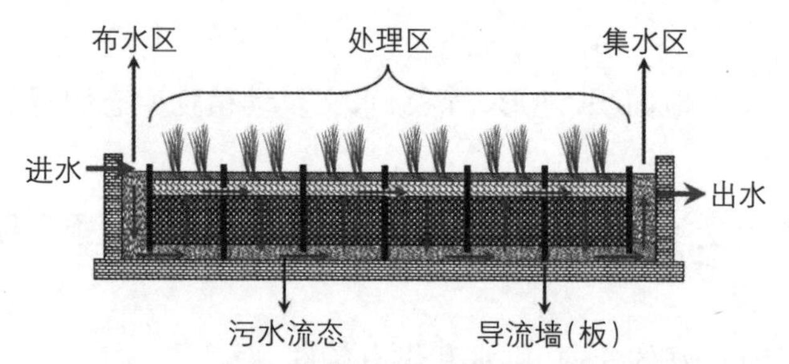

图3–14　复合潜流人工湿地结构及流态示意图

(4)工况参数

复合潜流人工湿地主要工况参数见表3–6。

表3–6　复合潜流人工湿地主要工况参数

设计参数	复合潜流人工湿地	
	处理黑水和灰水	仅处理灰水
表面有机负荷(q_{OS})	5~8 g/(m²·d)	4~6 g/(m²·d)
表面水力负荷(q_{HS})	0.10~0.25 m³/(m²·d)	0.20~0.50 m³/(m²·d)
水力停留时间(t)	≥2 d	≥1 d
基质层厚度(h)	0.85~1.30 m	0.85~1.30 m
基质层中有效水深(H)	[h–(0.2~0.3)] m	[h–(0.2~0.3)] m
复合潜流人工湿地面积(A)	根据表面有机负荷、表面水力负荷和水力停留时间进行计算,取以下三式计算出的最大值	

表面有机负荷计算法按下式进行。

$$A=\frac{Q\times(C_i-C_e)}{q_{OS}}$$

式中:

A——复合潜流人工湿地面积,m²;

Q——复合潜流人工湿地设计进水流量，m^3/d；

C_i——复合潜流人工湿地进水中污染物浓度，mg/L；

C_e——复合潜流人工湿地出水中污染物浓度，mg/L；

q_{OS}——表面有机负荷，$g/(m^2 \cdot d)$。

表面水力负荷计算法按下式进行：

$$A = \frac{Q}{q_{HS}}$$

式中：

A——复合潜流人工湿地面积，m^2；

Q——复合潜流人工湿地设计进水流量，m^3/d；

q_{HS}——表面水力负荷，$m^3/(m^2 \cdot d)$。

水力停留时间计算法按下式进行：

$$A = \frac{t \times Q}{H \times \varepsilon}$$

式中：

A——复合潜流人工湿地面积，m^2；

t——水力停留时间，d；

H——基质层中有效水深，m；

ε——复合潜流人工湿地基质层的有效孔隙率，%；

Q——复合潜流人工湿地设计进水流量，m^3/d。

（5）几何参数

池体长宽比宜为(1∶1)~(3∶1)，深度宜为1.1~1.5 m，水力坡度宜为0.5%~1.0%；布水区和集水渠的宽度宜为0.4~0.6 m；处理区内相邻导流墙（板）的间距不应小于1 m；围堤（或挡墙）顶高与处理区内基质层表面高差不应小于0.2 m。

（6）布水与排水

进水宜采用多点进水方式均匀投配污水；管道及闸阀应适时采取防冻措施；排水口应高于地表水水位。

(7)防渗

应在池体底部和侧面进行防渗处理;防渗层应符合《生活垃圾卫生填埋技术规范》(CJJ 17—2004)的规定,渗透系数不应大于10^{-8} m/s。

(8)基质层

基质层厚度宜为0.85~1.30 m。

布水区和集水区内部应填充粒径为5~10 cm的砾石或鹅卵石,填充厚度宜为0.85~1.30 m,孔隙率不宜超过50%。

处理区中的基质应分层填充,按照自下而上的顺序依次划分为承托层、功能填料层、缓冲层和植物栽植层,基质级配与布设见表3–7。

表3–7　复合潜流人工湿地处理区基质层的级配布置

层级	基质级配粒径范围(cm)	铺设厚度范围(cm)
承托层	5~10	20~30
功能填料层	2~5	50~70
缓冲层	1~2	10~20
植物栽植层	0.3~0.8	5~10
基质层总厚度	—	85~130

各级配基质的有效粒径比例不宜小于80%。

处理区中基质层的初始孔隙率宜控制在30%~45%。

处理区的功能填料层中宜填充富含钙、镁、铁等基质,宜以导流墙(板)为界分区域填充。

(9)湿地植物选配与种植

湿地植物选配宜优先选择本地物种,可选择芦苇、茭白、香蒲、菖蒲、美人蕉、水葱、灯芯草、旱伞草、再力花、千屈菜等多年生植物,也可选用西伯利亚鸢尾、石菖蒲、麦冬等四季常绿植物,还可根据当地实际情况筛选合适的湿地植物。

宜按一定的时空比例以一种或多种植物为优势种进行优化搭配。

植物的栽种时间和密度应根据植物的生长特性确定。在种植第一年启动复合潜流人工湿地时，应在生长季结束前或霜冻期来临前3~4个月进行种植。

植物栽种后，在复合潜流人工湿地运行前期，宜将复合潜流人工湿地内水位蓄至基质层表面以下10 cm。

（10）土建工程

预处理构筑物结构设计应符合《给水排水构筑物结构设计规范》（GB 50069—2002）和《给水排水工程管道结构设计规范》（GB 50332—2002）的规定，宜采取钢筋混凝土或者钢筋混凝土与砌体结合的结构，且达到P6级抗渗强度。

预处理构筑物采用钢板等结构时，具体措施见《工业建筑防腐设计标准》（GB/T 50046—2018）。

池体采用砌筑挡墙结构时，结构设计应符合《砌体结构通用规范》（GB 55007—2021）的规定；池体采用钢筋混凝土挡墙结构时，结构设计应符合《混凝土结构通用规范》（GB 55008—2021）的规定。

（11）电气

复合潜流人工湿地污水处理工程的供配电系统应符合《供配电系统设计规范》（GB 50052—2009）和《20kV及以下变电所设计规范》（GB 50053—2013）的规定。

复合潜流人工湿地污水处理工程的低压配电设计应符合《低压配电设计规范》（GB 50054—2011）的规定。

3.施工和验收

复合潜流人工湿地工程的施工和验收按照《农村生活污水处理设施技术规范》（DB 34/T 4297—2022）的规定执行。